欲張らない経営

レッドオーシャンの車買取り業で
成長し続ける一人社長の経営論

新佛千治
SHINBUTSU CHIHARU

幻冬舎MC

DON'T BE GREEDY

欲張らない経営

はじめに

自分の欲を捨て、とにかく人を信じ、人との出会いを大切にして自分の会社を経営していきたい――。

物やサービスを売る側は少しでも高く売りたい、買う側はできるだけ安く購入したい、そう思うのがビジネスにおける基本的な考え方です。そうした商売の道理を踏まえたうえで、私は経営者が目先の利益のために欲張ってしまうと、かえって会社がうまく機能しないのではないかと考えるようになりました。例えば、すぐに利益を伸ばそうと新規顧客の獲得を優先した結果、既存顧客が離れてしまったり、業績が上がっても従業員に対して満足な報酬を支払わず、結果的に顧客に支持されていた従業員が会社を辞めてしまったり、自分自身の経験を含め、そのような経営者を私は何人も見てきました。

私は現在、中古車買取り事業のフランチャイズ本部を運営していますが、かつては広告制作会社の経営者として数人の従業員を雇って、大手企業からの仕事を請け負っていました。しかし、時には徹夜も厭わず働いてくれる従業員を見て、私が彼らに支払っている給与は労働の対価としてあまりにも安過ぎる、ただ今の自分では仕事量に見合った報酬を彼らに支払うことができないと思い悩むようになったのです。また、同時にその程度の給与しか払えない自分が情けなくも感じました。最終的に紙からＷｅｂへの時代の流れとともに単価が下落し続け、十分な利益が確保できなくなり、その会社を畳みましたが、それ以降、どんな事業を始めるにせよ正当な報酬を支払わないのであれば、軽々しく人を雇わないと強く誓ったのです。

湘南の地で中古車買取りの事業に参入したのは２０１５年のことです。そこに至るまで紆余曲折はあったものの、模索した末に中古車買取りという事業を選択しました。大手、中小がともに群雄割拠している市場であるのは分かっていましたが、店舗をもたずに出張型に特化することで、コストを掛けずに少しでも他社より高く中古車を買い取ることができれば勝算はあると考えたのです。そして何より従業員を雇わなくても、自らの足で出向き、中古車を市場よりも高い価格で買い取り、買い取った車をオークションに出品するというビジネスモデルであれば自分一人で経営、運営していけると確信したのです。

　もちろん初めから事業がうまくいったわけではありません。ただ、ターゲットを狭い地域に限定し、地域の人に声を掛けていくことを地道に続けました。大手業者のように店舗もなければ莫大な広告予算もないので、会社を知ってもらうルートは紹介や口コミしかありませんでした。そのため決して顧客に損をしたと言わせない公明正大な取引を心掛けました。そうした営業の積み重ねが少しずつ功を奏したのか、たった一人で起業してからわずか数カ月で月に100万円以上の安定した利益を獲得できるようになったのです。

ただそのように売上が上がっても、私は自分の会社で従業員を雇い、組織を拡大し販路を広げていく経営手法は取りませんでした。よりシンプルに、よりプリミティブに、そしてよりスマートな経営を展開する、いわば欲張らない経営を心掛けました。広告制作会社の時代に感じた従業員への想いを今でも大事にしていますし、何より今までにつくり上げた顧客との深い関係性を損ねるような真似はしたくないと強く誓ったからです。

私のビジネスモデルでは莫大な利益を生み出すような会社に成長させることは難しいかもしれません。しかし、目の前の顧客と良好な関係を築いていきたい、顧客の輪を広げて豊かな人間関係のなかで仕事をしたい、また、自分の裁量で働くことで労働時間を減らしワークライフバランスを保った経営がしたい、そんなふうに考えている人たちには共鳴してもらえるビジネスの本質的な考え方です。

実際に私のビジネスモデルに共感してくれる仲間をフランチャイズとして募集したところ、今では100人以上の人たちが中古車買取りビジネスに関わるようになりました。彼らもまた欲張らない経営を心掛けることで顧客や取引先と良好な関係を築き上げ、自分に合った理想の働き方を実現しています。

本書につづった私の仕事のやり方、そして経営者として得たさまざまな経験が、会社を運営している経営者やこれから新たに起業しようか迷っている人たちの助けになれば幸いです。

目次

はじめに　3

第1章
社員を酷使し、顧客を出し抜き、自分は仕事に忙殺される
「ビジネス＝金儲け」に偏った経営は不幸を生む

金儲けというくだらない目的を捨てる　16
従業員をコストとしてみる経営者たち　21
先進国最低ランクで低迷し続ける、日本の賃金水準　24
スモールビジネスの甘い誘惑　28
顧客をだまして利益を上げるビジネスの落とし穴　31

第2章

経営者は何を捨てて、何を残すべきなのか

金儲けという欲から解放されるために必要な経営哲学とは

ビジネスの価値を創造していく　40
一歩踏み出す際には満足の定義づけをしておく　41
とにかく打席に立ち続けることが成功への第一歩　43
行動の総量が幸運をも引き寄せる　47
判断の絶対値を定義するために、確固とした理念をもて　48
経営者に大切な合理的思考　51
自分のやりたいことで人生を生き抜け　55
笑顔の隣人に注意しろ　60
どうすれば満足できるのか、自分自身を理解しておく　63

第3章

儲けるための従業員は雇わない

1人で会社を経営しても十分稼ぐことはできる

夢と希望とやりがい 68
一人で会社を運営する時代の到来 71
一人で始められるビジネスとは 77
体験の積み重ねが経営者のメンタルを鍛え上げていく 79
意思決定は独裁的であれ 82
恐怖心を飼い慣らす 85

第4章

誰かをだまして利益を上げる考えは捨てよ

1人だからこそ実現できる、顧客との公明正大な取引

中古車買取り業界が長年抱えてきた暗い闇 90
フランチャイズ事業で現場の質を高める 95

売り手と買い手が対等なビジネスモデル　99
顧客とのフェアな関係性　101
スモールビジネスの成功法則　105
成功体験が最大のケアになる　110
月に３００枚名刺を増刷する「名刺配りまくりおじさん」　112
加盟店同士の交流会で成功体験を共有する　113
自信と余裕が顧客からの信用を獲得する　115
サポートは本部だけではなく、加盟店ぐるみ　117
ユーザーとの共感と関係性に重点を移し、業績爆上がり　121
新しい働き方が広がれば社会全体も変わっていく　124
競争戦略ではなく協調戦略　127

第5章

ビジネスをプライベートの延長線として考える
金儲けのために働くのではなく、人生を豊かにするために働く

大企業が取り組んでいることをビジネスの参考に　134
加盟店が儲かることを優先する　137
他人を儲けさせることは難しい　141
他者の成功を喜び合うことができる社会こそ健全である　143
お金は目的ではなく手段に過ぎない　145
高収入とキャリア形成を実現　147
経営者は自分を見つめ直す時間も必要　148
一人で自由にやっていきたい人に最適なビジネス　151
常に危機感に導かれて生き抜いてきた　153
雇用流動性はどんどん加速していく　157
働き方はオーナー自身の自由裁量　158
労働時間と利益が直結しない新しい働き方　159

第6章

DON'T BE GREEDY
欲を捨てた経営をすれば　関わる人みんなを幸せにできる

目指したのは働く人一人ひとりの利益　166
暇な時間を大切にしていくこと　170
他人の意見に流されずに、自身の考えに従って行動していく　173
締め切りを明確に決める　175
仕事をライフスタイルの一部にする　178
すべての経験が自分にとっての資産になる　180
給料の楽しい上げ方　183

おわりに　187

第1章

社員を酷使し、顧客を出し抜き、自分は仕事に忙殺される

「ビジネス＝金儲け」に偏った経営は不幸を生む

金儲けというくだらない目的を捨てる

経営者が日々、仕事の忙しさのなかに埋もれてしまって自分の時間を確保できないまま、そうした自分自身にも気づかずにいるのは、会社にとっても社会にとっても大きな損失であり、とても不幸なことだと私は思います。

私たちが今、中古車買取り業のフランチャイズ展開を通して取り組んでいる仕事はそうした経営者の姿勢とは対極にあります。私たちの事業モデルは地域に実際に居住して、フランチャイズ店舗を担ってくれているオーナーたちがそれぞれの顧客と向き合い、膝を突き合わせて交渉して納得してもらえる価格で買取りを成約させます。そうすることで仕事に関わった人たち全員、さらには顧客にまで、あのオーナーと取引してよかったとハッピーに感じてもらえることを目指し、社名にもハッピーを掲げて企業理念にもしています。私たちの理念の根底にあるのは人と人との巡り合い、出会いを大切にし続けていくこと、さらに突き詰めていけば一人ひとりが幸せになってもらえるように、それぞれのことを尊重し、大事にしていきたいということです。

会社を自分で興して経営者、つまり社長という立場になれば、儲けをできるだけ増やして自らの事業を大きくしていかざるを得ないのは確かです。時間、労力、資金を投資しながら多くの利益を獲得していくのは本当に難しく、安眠できる日々はありません。起業以前にぐっすりと安眠できた日々が、いかに貴重であったかを実感することになると思います。こうした孤独感と強烈なつらさは、一度でも会社を起こしたことのある人なら共感してもらえると私自身の経験を振り返っても思います。まさに火鉢に足を突っ込むような、地獄への扉を自ら開くようなものです。

芥川龍之介の『蜘蛛の糸』は、地獄につり下げられた糸を上りきれば、地獄から抜け出せる、しめしめと上り始めると地獄にいたみんなが群がったので「下りろ、下りろ」と叫んだ途端、プツンと糸が切れてしまうというストーリーです。誰かを蹴落として自分だけが助かってやろう、自分だけが儲けて、成功者になってやろう、という見方をすれば蜘蛛の糸はまさにお金そのものです。目先のお金を自分だけで独占してやろうという発想では、明るい未来は決して訪れないと私は思います。

現実の社会で経営者は常にお金との戦いが続きます。起業した当初は、これまでにない価値を世の中に広く提供したいといったような大きな夢と希望があったはずです。しかし、大きな夢を掲げていた経営者が、気がつけば資金繰りに難渋してわずかばかりの現金が足りないばかりに夢を打ち破られ、経営破綻という地獄の淵に追いやられるなどといったケースも少なくありません。

本来は起業する際のモチベーションとして、お金を儲けたその先に目指すべきビジョンや大事なことがあったはずなのに、日々の商売を続けていくなかで明日の現金の必要性に追われ、起業時のビジョンも次第にブレていき、お金がとにかく入ればそれでいい、どんなやり方でも、どんな手段でもお金を儲ければいいという状態になってしまうと、もうビジネスとは呼べません。

お金は手段であって目的ではない、などといった文章をよくビジネス書で目にしますが、そんなきれいごとではないのです。

経営者には目先のお金の魔力に打ち勝つ、頑丈な精神力が必要なのです。経営者であるなら、金儲けだけを目的にするくだらない事態に陥ってはいけません。

そのために私が強調しておきたいのは、自分の心のよりどころとなっていくべき、絶対にブレることのない、それぞれの理念をしっかりともつことです。

私たちの掲げている理念は、私たちが日々の仕事を続けていくことによって誰もがハッピーになれること、幸せな気持ちを周りの人たちや地域の人々、そして私たちの仕事に関わるすべての人たちで共有することで幸福感を隅々まで広げていきたいという思いです。

例えば先日、関東のとあるフランチャイズ店のオーナーから、顧客が愛着をもってとても大事に乗り続けてきた車を買取りした際の話が印象に残っています。お礼の挨拶に伺った際、買取り価格や対応に満足してもらえただけでなく、「これからも頑張って、ぜひビジネスを成功させてくださいね」と顧客から励まされたというのです。日々の仕事だけでなくビジネスの成功まで願ってくれる温かい言葉をもらい、オーナー自身、今までそこまで言ってもらったことは初めてで思いもよらない、本当に地域の顧客に応援してもらえているのだと実感できる瞬間だった、改めてこの仕事をやってよかったと、たいへん感激していました。

私たちは顧客と常に対等の立場で誠実に向かい合いたいと願っています。そのうえで、仕事を通してハッピーな思いの輪が顧客とフランチャイズ店のオーナーだけでなく、店舗のある地域、ひいては私たちの展開する１００店を超える、日本の隅々まで広がっていってほしいというのが私たちの切なる願いです。

おそらく、まだ起業していない人や起業したことがない人にとっては、まだ私の文章の意味がよく分からないことも多いかと思います。私もかつてはそうでした。しかし、経営者となって、あらゆる困難を乗り越えて、ふと振り返ってみると、なるほどそういうことかと私の言葉が腹に落ちるときがくるはずです。そのとき、間違いなくあなたは成功者となっているに違いありません。

従業員をコストとしてみる経営者たち

会社を運営していくうえで、家賃、材料費、光熱費、管理費など毎月絶対に出ていくお金があり、最低限の経費はどうしても必要になります。事務所を移転しない限りは家賃を半分にはできませんし、材料費、光熱費、在庫管理費も商売をやっていくうえで一定額は掛かってしまい、無視することはできません。
そうなると経営者はまず可能な限り出費を抑えるようになりますので、人件費をいかにして節約するかという思考に陥ることが多いと思います。正社員であれば固定給を低く設定し、そもそも正社員ではなく非正規雇用、いわゆる派遣社員やアルバイト、パート社員を多く雇わざるを得ません。２０２２年からは非正期雇用社員でも一定の条件を満たせば社会保険適用となるように対象が広がったものの、学生は対象外であり、そうした従業員を雇用すれば社会保険料も節約でき、出費を減らすことができます。しかしながら結局その負担は企業が非正規社員に押し付けているに過ぎないのです。

日本労働組合総連合会が発表した「『36協定』『日本の社会』に関する調査２０１９」によると、働く人の80・４％が「高収入・仕事中心社会」より、「ほどほどの収入・ワークライフバランス社会」を選択しています（「どちらかといえば」を含む）。あえて「高収入・仕事中心社会」を選ぶ人はわずか4%に過ぎません。

従業員が適切な報酬や労働条件が整っている企業に魅力を感じ、そういった企業で長く働きたいと考えるのは当然のことですが、多くの経営者も従業員の生活をできる限り豊かにしてあげたいと考えているはずです。しかしながら、雇用のリスクや大きな企業側の負担の重さで、給料を上げたくても上げられないジレンマに陥っているのです。株式会社であれば株主への利益分配を続けなくてはならないため利益も出さなくてはなりません。

本来は会社の大切な財産であるべき従業員という貴重な存在をいつしかコストという視点でしか見ることができなくなっている企業のあり方に私は違和感を覚えます。

経営者が目先の利益を優先せざるを得ないのは、こういった、昭和の時代から長く続く日本の雇用システムに問題があるのです。そこでどう立ち回れば正解なのか、今の時代を生き抜いていくために経営者はどうあるべきかについてこの本で考えていきたいと思います。

先進国最低ランクで低迷し続ける、日本の賃金水準

社員たちの給与や福利厚生が改善されないことは、会社の持続的な発展にとって問題があります。しかし、会社に利益が出ているにもかかわらず、従業員の報酬が適切に増加しない場合、彼らは仕事に対するモチベーションを失い、組織に忠誠心をもてなくなってしまいます。

もちろん、会社が利益を獲得できたとしても、会社だけが儲かっているわけではありません。会社経営に必要な運転資金の確保や、さらに金融機関から事業などへ支援を受けている場合には利益からの返済が必要になります。利益が出てい

そうな会社でも現金が十分に手元に残るかというとそうでもないのが実情ではないかと思います。

従業員は福利厚生についても、自分たちの労働に見合った適切な待遇を求めています。例えば、健康保険や退職金制度、育児休暇や有給休暇など、仕事と生活のバランスを取るための福利厚生が整っている会社であるかどうかは昨今、非常に重要視されています。しかしながら今の日本ではこうした福利厚生が十分に提供されていたとしても、社員たちはストレスや不安を抱え、パフォーマンスが低下してしまっているように見え、私は疑問を感じます。

従業員がどれだけ会社に忠誠を尽くしても、会社に利益貢献しても給料は上がっていきません。少しずつ支給額の額面は上がっているかもしれません。しかしながら肝心の手取り額が上がらないため、実際の従業員の満足度は、パフォーマンスを発揮すればするほど下がっていってしまうのです。

バブル経済崩壊以降の失われた30年といわれる長い低迷期の間、日本の経営者たちの多くは、給料を上げたら国際競争に勝てないなどと理由をつけて賃金よりも株主還元に力を入れ続けてきました。その結果、ずっと給料の低い状態が続き、かつて世界的にも高水準だった日本企業の平均賃金はＯＥＣＤ（経済協力開発機構）加盟国で見ても２０２１年で24位の３万９７１１ドルで首位のアメリカ（７万４７３８ドル）のなんと半分以下でしかありませんし、隣の韓国と比べても４ランク下で３０３６ドルも離されていて、先進国で最低レベルにまで落ちているのです。

世界的には、例えばアメリカなどでは人手不足で従業員を確保しようとなったら給料を高めに設定して、ランチの代金にも転嫁されて、日本円換算で２０００円くらいというのはよくあります。一方、日本の場合、なかには５００円ですごくおいしいランチが食べられる店もあります。価格に人件費をまっとうに転嫁できない仕組みがいつしか出来上がってしまっているのです。こんな状態に陥ったままでは人件費はなかなか上げられません。

コロナ禍以降に起きたロシアのウクライナ侵攻などによる世界的なエネルギー価格や食料価格の急騰をきっかけに、日本でも物資高騰は収まる気配を見せず、実質賃金の目減りは深刻です。

こうした状態が続いているのを受け、政府はようやく、日本経済の国際競争力を復活させる意味でもかつてないレベルの賃上げが必要だとして、大手企業をはじめとした経済界に近年人件費アップを要請し続けるようになりました。大手では賃上げに応じるところも増えてきてはいますが、依然、社会全体に人件費アップの動きが広がっているとまではいえません。このまま本当に人件費アップの流れが加速していくのか、尻すぼみに終わるのかはまだ見通すことができない状態です。

そもそも、会社にいくら利益が出ようと、先行きが不透明な今の日本では経営者としては給料を上げたりボーナスをより多く出したりすることはなかなか簡単ではないのです。従業員だけでなく、経営者も日々悩みのなかで生き抜いているのが現状です。

スモールビジネスの甘い誘惑

従業員のままでは、将来に希望がもてないという人が増えた今、会社に期待することを諦めて自らスモールビジネスを立ち上げる人も激増しています。私たちが取り組んでいる中古車買取り業のフランチャイズ展開も、いわばスモールビジネスです。

スモールビジネスなら初めに必要とする資金もあまり大きくありませんし、自分の裁量で仕事もできるため、勤めていたときのような押し付けられる感覚も少なく、前向きな気持ちで仕事に取り組めます。仕事をすればしただけ、自分への見返りも大きく、仕事の対価が現金として可視化されるので、これもまたモチベーションを上げる要素になるのです。

経営者のなかには会社をあえて拡大せず、スモールビジネスのまま続けていこうとする人も少なくありません。拡大に伴う雇用リスクはもちろん、人間関係に見られる煩わしいことを避けられるので、精神的には良好な状態で仕事ができるからです。

しかし、スモールビジネスにもデメリットはあります。まず、収入が安定しません。また、事業規模が小さいため売上も多くはありません。その多くが飲食店やサービス業のため、予想以上の儲けがあったり、またその逆だったり、とにかく不安定になるのです。経営者であっても家庭があれば生活費を賄えるかどうかも分かりません。足りない分は貯金を取り崩してということになりますが、起業後、仕事が順調に伸びなければ生活費のために貯金を取り崩し、運転資金をつないでいくしかないのです。

起業時にかなりの資金を用意できる人であれば話は別ですが、早くに事業を軌道に乗せなければ食いつなぐことすらできません。やがて借金をしなくては事業を続けられなくなり、タイムアップとなってしまう人も少なくありません。

スモールビジネスがビッグビジネスに変貌するにはもちろん業績が伸びていくことも大切ですが、ある時期に大きな額の資金調達ができるかどうかにも懸かってきます。銀行などから借り入れできるかどうかということです。そこで信用となるのが業績なのですが、個人営業に近いスモールビジネスでは難しい場合が多く、そこがスモールビジネスの限界になります。

そのためもともとビッグビジネスを目指して起業した人はもちろん、スモールビジネスでマイペースを貫きたいと思っていた人たちも、結局はお金がなければどうにもならなくなってしまいます。気がつけばつい目先の金儲けに走ってしまうというケースも多いのではないかと私は思います。

自分は絶対にそうはならないという自信があるからこそ多くの人が独立、起業をするのですが、実際には大半の新しい会社が早い時期につぶれていきます。中小企業庁が発表した「小規模企業白書」（２０１７年）によると起業したあと、企業の５年生存率は81・７％であり廃業が２割程度となっています。その多くの原因は、目先の金儲けに走ったがゆえのキャッシュアウト、運転資金が乏しい状態に耐えられなかったためだと考えます。

顧客をだまして利益を上げるビジネスの落とし穴

私の経験からいって、常に儲けようという目的で行動して実際に儲かることはあまりありません。これはあくまで持論に過ぎないのですが、自分が好きなことを自由に楽しんで、好きなことに地道に打ち込み、いわば趣味や娯楽の延長線上で楽しくやっていたほうが顧客もついてくれますし、商談もうまくいくことが多いと思います。

　これが金儲け中心の考え方になっていくと、ただ稼ぎたい、儲けたいということばかりにとらわれ、いかに顧客にお金を使わせるかばかりを考えるようになります。そのいわゆる儲けたいオーラは顧客にも伝わっていき、伝染した揚げ句、知らぬまに敬遠されてしまう状況に陥ります。さらになんとかして儲けようと思い込むあまり、最悪なことには、顧客をだましてでもいいから少しでも利益を上げようと考え始めるようになります。その結果、たとえ短期的には利益が上がったとしても、その顧客は当然ながらもう二度と目の前に現れることはありません。目先の利益に目を奪われた結果、生涯にわたって獲得し得る信用と、長期にわたって獲得できたはずの未来の莫大な見込み収益を失ってしまうことになります。

企業は長く存続することが大きな目的の一つですが、続いていくからこそ価値があるのです。企業の存在価値というのは継続にこそあるといっても過言ではありません。

だからこそ、会社を存続させるためにはどうするかを深く考える必要があり、信用・信頼される企業を目指して実践するのです。そのためには、顧客が二度三度とまたその人に会いたい、その場所に行きたいと感じさせる満足を顧客に提供しなくてはなりません。

一回の取引で顧客から利益を奪いとるような商売、いわゆる焼き畑農業的商売では、その会社が長く続くことは絶対にありません。顧客は離れ、企業はマーケットを食いつぶして、やがて消えていくのです。

昨今の中古車業界で、さまざまな問題が露見しています。そもそも中古車買取り業は買取り側が圧倒的に優位な立場にありました。顧客にとっては自分の車がどれくらいで売れるかがまったく分からない半面、買取り側はオークションに出せばいくらで売れそうだとだいたい分かる、いわば歴然とした情報格差があったのです。オークションがネットで公開されるようになった現在は情報格差が限りなく縮小しています。しかし、ほんの少し前までは例えば１００万円で間違いなく売れそうだと分かっていても、買取り業者は顧客にそんなことはまったく知らせずに、提示額を低く抑えたまま買い取り、利益を得ることもあった世界です。

自動車の整備販売業界では１９９０年代には虚偽の申請で車庫証明をとったり、実際とは違う保管場所を届け出たりする車庫飛ばしが横行し、一部悪徳業者を警察が摘発したことがありました。近年のひどい例では、顧客の車を点検して修理が必要と分かると、保険会社に代金だけ請求して保険金を受け取り、実際はまったく修理をせずにユーザーに戻すなどという、信じられない不正も横行していました。

顧客が軽い気持ちで中古車買取りの出張査定を依頼した結果、希望額を大幅に下回る金額を提示された揚げ句、顧客が交渉打ち切りを宣告しても査定担当者が居座り、無理やり車を安値でむしり取って去る、などといった強引なやり方も横行してきました。しかし、インターネットでビジネス情報が広くオープンにされるようになり、一部の悪質な中古車販売業者や買取り業者がかつてやってきたような手法はもう通用しません。顧客から利益を奪って自分だけは儲かればいいという考え方は、もはやビジネスではないのです。

私たちはフランチャイズという形で、自ら住んでいる生活圏のなかに根を下ろす形で商売を展開して顧客一人ひとりと向き合い、信用を大切にしながら商売を展開しています。楽しみながら仕事をする半面で真面目な姿勢を見せ続けることを通して、私たちは業界全体にかけられてきた不信感を、なんとか一掃していきたい、クリーンにしていきたいと願って取り組んできました。一人ひとりの顧客に何度も幸福感と満足を提供し、生涯にわたってファンになってくれる人を大事にし、ハッピーの輪を広げています。加盟店オーナーという実際に働く一人ひとりのライフタイムバリュー、すなわち人生の価値を上げていくことこそが企業存続のカギであり、世の中に対する企業としての価値の提供だと私たちは考えているのです。

BRIEFING

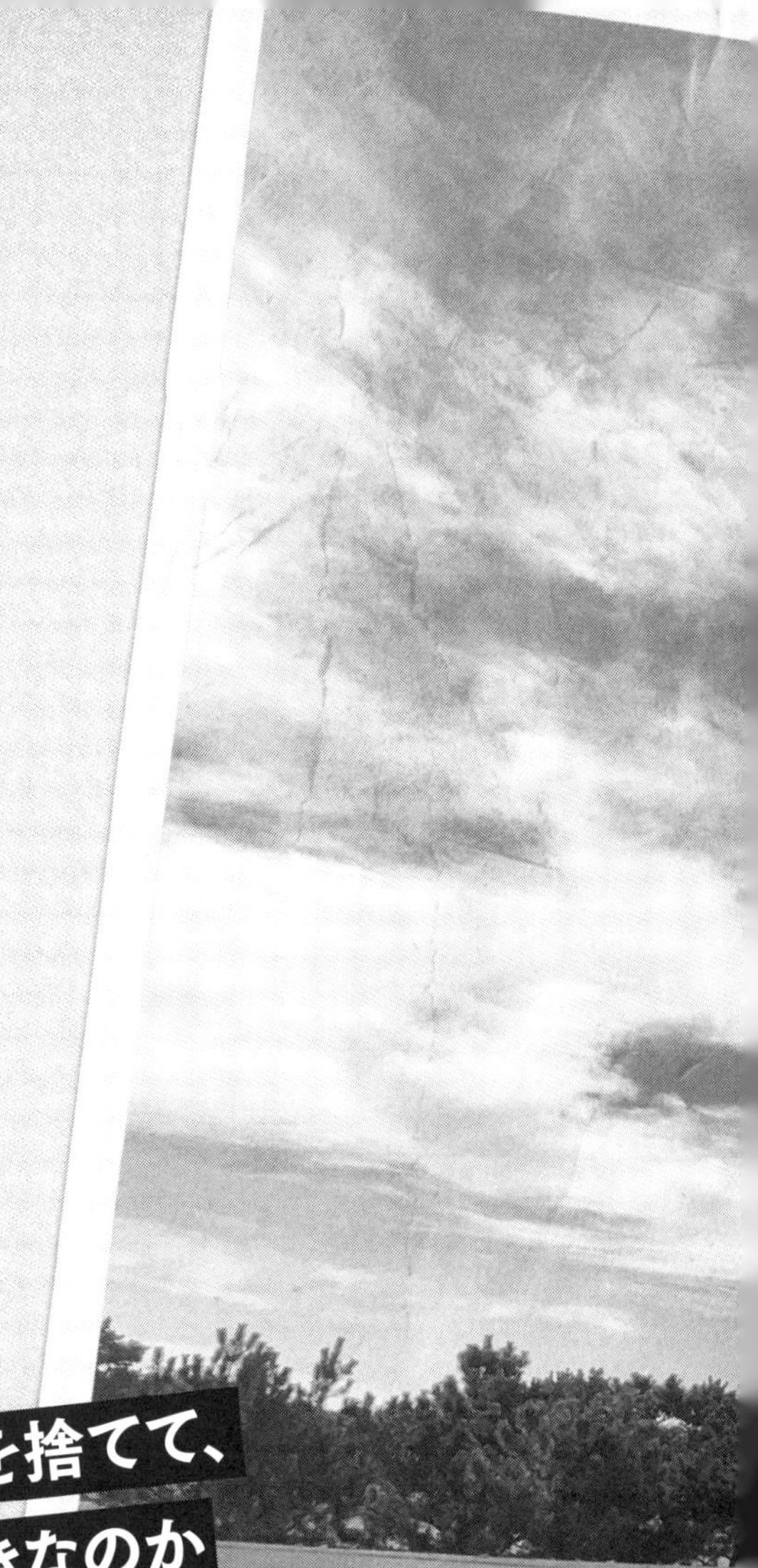

第2章

経営者は何を捨てて、何を残すべきなのか

金儲けという欲から解放されるために必要な経営哲学とは

ビジネスの価値を創造していく

ビジネスとは何か、いまだに私は断言することができません。しかし、少なくとも世の中に、技術革新、イノベーションを起こせるか、あるいはその経営者なりの経営で、世の中にどんな価値を提供できるのかを試せるところ、その価値をお金というメジャーで測れる点が、ビジネスの面白さといえるのではないかと思います。

私たちは、すでにある多くのビジネスのなかで、それぞれを組み合わせ、掛け合わせることで新しい価値を創造しています。例えばスモールビジネスでも、十分イノベーションを起こすことは可能だと私は思います。

一歩踏み出す際には満足の定義づけをしておく

中古車買取り業の会社のフランチャイズ展開を始めてから、私はこれまで数多くの人たちと面談してきました。そもそも、フランチャイズといえば通常は手元の事業資金さえある程度用意すれば加盟できることが普通で、面談という形をとって適性を判断されて落とされることはあまりないだろうと思います。

しかし、自分たちだけでなく、フランチャイズ加盟店オーナー、そして顧客と地域に広くハッピーな利益をもたらして世に広げたいという私たちの理念をもち続けていくうえでも、面談は欠かせず、私自身、とても重要なことだと位置付けてきました。空港の待合室で面談だけしてそのまま次の地へ飛んでまた面接のハシゴをしたこともあるほどです。

面談を通して、私たちの理念に残念ながら合わないような人は採用しません。例えば目先の金儲けだけが目的である人や、フランチャイズにありがちな、ただ手持ちの事業資金はあってもやる気のない人を選ぶこともありません。

自動車販売経験やセールスの経験よりも、むしろ口数は少なくとも明朗で信頼できるかどうかなどといった事業に対する適性を重視し、面談でじっくりと見極めてきました。その結果、面接にパスした人たちの多くがフランチャイズ加盟店オーナーとして長く続けてくれていることはうれしいことです。

今も私の会社ではフランチャイズ事業を志す人に対して通常2回以上の面談を課しています。

そうした面談を受けようとする人は、中古車買取り業をやってみたいと、新たな人生に一歩踏み出そうと決断して、実際に行動を起こした人です。面談の際にはもちろん、そういう一歩を踏み出すにあたってそれぞれがどのように覚悟を固めてきているのかも見極めますし、チャレンジしていこうという決意が本物かどうかや、仕事をいつもハッピーにとらえ、つらいときでもピンチはチャンスととらえてむしろ楽しんでいけるかなども見ていきます。

もしまだ一歩踏み出すという行動を決断する前段階にいて、現状に満足していないのなら、すぐさま行動に移すべきです。その際には必ず自身の満足の定義を決めておく必要があります。満足の定義が決まれば盛り込むべき中身も決まってきます。自分がやりたくないことも見えてくるはずです。やりたくないことを排除していけば、目指すべきゴールが明確になり、ゴールまでの進むべき道が分かれば、あとは目前の壁を乗り越えることを徹底するだけです。

とにかく打席に立ち続けることが成功への第一歩

一歩踏み出したあとは、とにかくまず自分の打席に立つこと、そして目の前の一球に集中することが大事です。やりたいことを一つに定めて徹底していく、ダメだと見切ったのならすぐさま撤退して次の方策を採用するという柔軟でしなやかな思考をもつことが肝心です。そして過去の成功体験や、失敗などにも執着しないことです。つまり忘れることも大事です。それを繰り返していくことによって、多くの経験が積み重なり、あなた自身の大きな資産へ変えていくことができるのです。

例えば未経験から起業した場合、起業してすぐに資金が底をついてしまうという危険を回避するためにも、あらかじめプランBも考えておく必要があります。常に次の打席を用意しておいて、最初の挑戦が失敗してもそれが終わりではなく、次の打席に立てばいいのです。経験が少ない人はひたすら挑戦を繰り返すしかありません。

とにかく打席に立つことが将来の成功へとつながります。失敗は成功のもとでもありますし、何度でもチャレンジはできるのですから、初めての打席にすべてを賭けてはいけません。少しずつ、一つずつ自ら打席に立つ状況をつくり、自らチャンスを作り出していくのです。向こうからチャンスは来ません。打席に立ち続けていこうとする人にのみ、チャンスは訪れるのです。そうした挑戦をまずはスモールビジネスでいいので、やっていくことが成功への第一歩となるのです。

私が中古車業界に参入したとき、どうして、広告の世界にいたクリエイティブディレクターが中古車ビジネスなんかをやるのか、と仲間たちは驚いたものです。

私は広告事業が環境の悪化で傾きかけていた時期、自分自身に閉塞感がのしかかっていた状況を打ち破っていきたいと、まったく異業種のフランチャイズに加盟するという挑戦を決断しました。まったくの未経験から中古車のインターネット販売を始めたのです。数年やってみたものの、まさかの赤字の垂れ流しの状態に陥ってしまいました。

このままではいけないと新たな打開策としてアフリカでの中古車現地販売に切り替えたところ、これも予想に反して大失敗となってしまいました。手持ちの資金はキャッシュアウトぎりぎりで見切りをつけ撤退しました。過去の失敗には執着せずに日本国内での中古車の買取りビジネスに業態変更し、これがなんとか最終的にヒットしたので、今があります。

今、振り返ってみても、どれも周到な事前準備を整えていたかというとまったくそうではありません。しかし、私はこれまでずっと、とにかく自ら打席に立ち続けてきたわけです。

もともと、私は車の買取りが好きで始めたわけでもなければ、中古車買取り業界に親しい人がいたり、縁があったりしたわけでもありません。買取りの仕事の利益率が高いことは当初から分かっていて目をつけていましたし、実際今でもその点はこの仕事の大きな魅力であり、メリットでもあると思っています。けれども、事業自体は次善の策、さらに次々善の策として考えていたことをただ実行に移したに過ぎません。

行動の総量が幸運をも引き寄せる

私自身の経験を振り返れば、目先の進路に思い悩んだり、やる前から心配しかしなかったりして行動に移さないのは時間の無駄でしかありません。何よりもまず、とにかく一歩踏み出すことこそ大事です。ダメならすぐ、さっさと諦めればいいのです。チャレンジしない限り、チャンスを引き寄せることはできないのです。

さまざまなことをやっているうちに、予想外のことは頻繁に起こります。その予想外のことを一つずつ乗り越えていくうえで、新たな力が身についたり、予想だにしなかったプラスのことが起きたりします。思ってもいない幸運が舞い込むようなものとも考えられますが、それはつまり、経営者としての能力が増強されたということにほかなりません。要するに結果として運を呼び込むのも実力のうちということなのです。とにかく行動をどれだけ起こすことができるのか、行動の総量が運を引き寄せてくれると私は思います。

判断の絶対値を定義するために、確固とした理念をもて

事業を始める前に、単なる事業計画書を埋めるための目標や数値設定をしていくことはあまり重要ではありません。ビジネスを始める前に思い描いていたこと

が、そのとおりに進むことはほぼないと考えていいと思います。日々、世の中の状況、環境の変化といった外的要因によって、まったく予想だにしない方向へ進んでしまうことも大いにあるからです。いわば暗闇のなかを歩くようなことになってしまったときに、自分自身が頼れるものを準備しておくべきです。

まず押さえておかなくてはいけないのは、優れたビジネスモデルや戦略、マーケティング等ではなく、すべての行動、判断の基準となる考え方をしっかりと固めておくということです。

何か究極の選択を求められたときに立ち戻っていくことができる、絶対値というところです。会社を経営していると、さまざまな出来事が五月雨のように起こり続けますし、その都度最初に設定した目的地とは違う方向へ進んでいってしまうことがあります。当初とは違う方向に進むこと自体は間違ったことではありませんが、経営者自身に考え方の絶対値がないと、合理的な判断ができなくなります。そこで必要となるのが理念です。

理念はビジネスが進むべき方向を照らす灯台のような役割を担ってくれます。理念がしっかりしていれば暗闇でも自信をもって歩いていけます。自信があれば相手の信用を獲得できます。自信がないと顧客だけでなく取引先からも信用を得ることはできません。そして、その自信というのは儲けることに巧みであるとか人に取り入るのが上手であるということではなく、自分の理念に行動と経験を掛け合わせたうえで体得していくものなのです。

私の場合、シンプルに自分のやりたいことを見つけようとしました。その結果として単なるお金儲けとしてのビジネスではなく、事業に関わった人すべてを幸せにするような仕事、幸せの総量を増やすような仕事へとたどり着いたのです。「かかわる人すべてにハッピーを提供していく」は会社の理念としても掲げていますし、私自身の人生の指針でもあります。

やるべきことは理念から導かれると、これまでの経験からそう断言できます。私たちが経営している会社の最終的な判断は、常にこの理念に立ち返って決まっていきます。

経営者に大切な合理的思考

私が若い頃に読んだいろいろなビジネス書に書かれていたことは「行動しろ」ということに尽きていました。どの本でも行動を起こすことを勧めているのです。行動することの大切さは私も痛感していますし、行動なくして成功はないとも思っています。しかし、むやみに突き進んでしまっていきなり致命傷を負ってしまうような行動は考え直したほうがいいです。最初はいわば初心者の段階に過ぎないので、失敗する確率は限りなく高いからです。

新たに事業を始めた結果、最悪の場合にはどこかで断念して撤退しなくてはならないことも出てきます。もしあなたが初めて独立を考えた場合、予想できる限りのあらゆるケースを自分なりに想定しておく必要があります。それでも想定外で思いもしなかった事態が多発するのが現実社会であり、また、事業というものです。

資金面では、それまで会社員として給料をもらって暮らしていたような人ならばなおのこと、開業に必要なお金もできれば自己資金で賄うのがベストですし、足りないものは身近な人に借りるなりして調達しておくべきです。個人で展開するスモールビジネスは資本力のあるところにはかないません。そこで勝負するのではなく、少ない資金でもできるビジネスに絞ったほうがいいと私は思います。

初めての独立であればリスクは最小限に抑えたいところですが、リスクと一言でいってもさまざまなとらえ方があります。私が考えるリスクとは、その事業から撤退した際に速やかにほかの事業に移れるかどうかという点に尽きます。事業家であれば、どうやっても事業を進めていくしかありません。その際、一度の失敗で次への道が永遠に絶たれてしまう、あるいは次への挑戦の機会が大幅に遅れるようなことになれば、人生でも致命的な失敗となります。

例えば、飲食店での開業後、思うように利益が上がらず撤退せざるを得なくなってしまった際、店舗の家賃の契約期間は何年契約か、退去時にいわゆるスケルトンに、つまりもともとの開業前の状態に原状回復する費用はいくらか、銀行への返済はいくらかなど、初期投資に加えて撤退時の費用もどれくらい掛かるかを考えておくべきです。

開業資金が安いから低リスクと考えるのは早計です。独立開業の際、楽観的な試算で成功イメージしかないというのはよくあることですが、そこでいったん冷静になって踏み出せるかどうかで、事業家として将来も経験を積みながら成長し、継続していけるかが決まります。そうした冷静さをもって、踏み出すことが鉄則です。

そのように、独立開業に限らず、物事は常に冷静に、合理的に考えるようにすべきです。経験を積めば、誰でも冷静にリスクを判断していくことができる、つまり合理的思考を身につけることができます。行動の結果一度や二度くらいの失敗は起こって当たり前であって、いくつも失敗を重ねながら前に進むことが、経営者として力をつけていく秘訣であると私は思います。「最大のリスクは再起できなくなること」であることを、起業を考えている人にはぜひ心に留めておいてほしいものです。

世の中には本当に非合理なことがたくさんあります。特に会社などではどうしてこんな慣習がまかり通っているのかと、誰もが不思議に感じていても直されないという話をよく聞きます。従業員一人が異議を唱えたところで無視されるのが慣習であり、その会社の常識だからというだけの理由らしいのです。

日本の国際競争力がここ20～30年大きく下がっているのは、私には案外そういった小さな非合理、理不尽、無駄の積み重ねが原因のような気がしてなりません。非合理なことや無駄に貴重な労力を割いていることならとにかく修正することが大事で、そのことによってようやく組織が健全に機能していくのです。異を唱えた者が排除されていくような雰囲気がはびこっている企業が世界で勝ち残れる時代では絶対にありません。

自分のやりたいことで人生を生き抜け

仕事のキャリアというものは居心地の良い環境にいると停滞してしまいます。なるべく早く濃い密度でたくさん経験を積んで、行動の総量を増やし、別の環境へと飛び出さなくてはなりません。自分に大きな負荷をかけて、これ以上現在いるフィールドで得るものがないと判断したなら、次に進む決断をするのです。仮にそのことによって金銭的に損をしても、行動したメリット、経験という価値のほうが大きいといえます。

これまでの経験から、どういったフィールドに立っても上位の10％ぐらいに入っていかないと自分自身の環境を劇的に変えていくことはできないと私は感じています。まずは将来を見据えて自分が身を置いている環境の上位10％に入ることができれば、自ずと道が開けてくるようになり、次のフィールドが見えてきます。

私は20代から、自分自身はサラリーマンに向いていないと感じていました。働いていた会社を辞めて好きなサーフィンをやるためにハワイに行き、本場の波に挑戦してから帰国し未経験から出版社に飛び込み、30歳になる頃には独立して広告制作会社を設立し、以降は会社勤めと縁のない暮らしをしてきたのです。

さまざまな環境に身を置いてきた私がその時々に考えていたのは常に目標を設

定して、学べることはすべて吸収してしまおうということでした。サーフィンに熱中しているときはひたすらサーフィンだけに集中します。そして、自分なりの目標を達成したら次のステップへ進みます。クリエイティブの世界に入ったときも、まったくの未経験の状態から業界に潜り込み、徹底的に将来を見据えて仕事で学び、その経験からクリエイターとして広告制作会社を立ち上げることができたのです。

ここで大切なのは、次のステップに進むのは自分なりに納得できるところまで行ってからだと決めていることで、他人と比べる必要はありません。私の場合、社会人となって最初の職場だった大手メーカーでは営業の仕事に配属されて、勤め始めてすぐに自分はサラリーマンに向いていないと悟ったのです。特に強く感じたのは、このままこの職場で働いていても、目の前にいる直接の先輩や上司のようにしかなれないということでした。それは仕事ぶりもそうですし、収入もそうなのだと予想できたのです。自分の会社の上司、先輩に自己投影してみます。どうでしょう、なりたい自分の将来像とマッチしているでしょうか。

私の場合はＮＯでした。しかしながらそこですぐさま会社を辞めて次の仕事を見つけようとは思いませんでした。それでは単に環境を変えるだけで、未来を大きく変えることはできないと考えたからです。

私にとってそのときの合理的判断とは、行動によって未来を圧倒的に変えることができるかどうかでした。そこで、自分に必要なもの、足りないもの、自分に求められている価値を徹底的に見つめ直し、ある程度きちんと自分が納得した解を出せるまで、もう少し仕事に取り組んでみようと、とにかく営業成績を上げることに熱中しました。営業で上位10％に入るという目標を設定して、全国でトップレベルの成績を収めたあと、人生の次のステップへ進もうと、絶対にやり遂げていくべきことをやりたいと退職します。そこで仕事からいったん離れて、ハワイでサーフィンをやり尽くそうと一歩を踏み出したのでした。これには明確な理由があり、ただモラトリアム的な自分探しの旅のような軽い気持ちからの行動ではありませんでした。これは自分自身の未来に対する決意そのものだったのです。これから、まだ明確ではない自分の将来像に向けて集中していくために、一生分の楽しみをそこで使い切ろうという覚悟だったのです。

そんなわけで自分なりに納得するところまでやり尽くしてから日本に戻りました。新しい人生に向けてまったくのゼロ、むしろマイナスからのスタートです。広告の世界は本当にすごい才能をもったクリエイターがごろごろいる世界で、私などとても足元にも及びませんでした。しかしながら、もはやそれ以外にやりたいこともないので、24時間集中してその仕事に打ち込むことができました。余暇も休暇も不要でした。だからこそ、まったくの未経験から飛び込んだ広告業界でサバイブすることができたのです。30歳までに年収２０００万円を実現する、一流のクリエイターになるという目標を設定し、達成しないと未来はないという状況を自ら作り出すことによって、前進し続けることができたのです。

短期間に集中して行動できる状況を自ら作り出すこと、圧倒的な実力を身につけていくためにハイレベルな環境に身を置くことが自分を次のフェーズへ押し上げてくれるのです。

笑顔の隣人に注意しろ

とはいえ現実には、どの業界でも、だらだらと仕事を続けている人もいます。業界や自らの会社に対して不平不満を口にすることで自分を肯定します。彼らは自ら率先して状況を変えたり、改善したりしようとはしません。今の状況はむしろ彼らにとっては、居心地がいいからです。

実は私が以前加盟していたフランチャイズでもそういったケースがありました。同じビジネスモデルで同じパッケージでも利益を上げている人とそうでない人がいます。状況を受け入れどう行動すべきかを自ら考えられる人、謙虚に他者のアドバイスを受け入れながら前向きに行動できる人、なぜ他者は利益が上げられているのかという理由を徹底的に分析し自身の行動に落とし込んでいく人、こういった人はやがて利益を上げられるように成長していきます。

しかしながら、利益が上げられない理由を、自分以外の外的要因に求める傾向の人は注意が必要です。例えば、利益を上げるためにどうするか、ではなく、利益が上がらない理由を深掘りしていくのです。つまりできない理由です。競合が多い、立地がいい、資金がある、市場が違う、客層が違うなど、利益を上げられる理由に対して、できない理由のほうが圧倒的に簡単に出てくるので、できない理由に自信をもち始めます。次にどういった行動を取るかというと、この自信を確信に変えるために、同じようにできない人を探します。そしてそのできない理由について持論を語ります。もうひとりのできない人にとっては、その話は、まさに自分の置かれている状況と同じなので、共感します。持論を語った人は笑顔のよき理解者が現れたと感じます。なぜなら、利益を上げていくためにどう行動していくべきかという話は、それができていない人にとってはある意味苦痛なのですが、その反面、自分と同じようなできない理由を語ることについては、それはそれは甘美に感じるものなのです。すると最終的に彼らが出す結論は、このビジネスモデルが悪いからやっても無駄ということになります。

自分の能力がないからできない、自分の行動が足りないからできない、絶対にそこは認めたくないので、外的要因に責任転嫁することで自己肯定します。こういった人はどのようなフランチャイズにもいると聞きますが、もしそういった人が近くにいた場合はそっと距離をおくことをお勧めします。できない理由をいくら列挙したところで、利益が上がることは絶対にありません。

悪貨は良貨を駆逐するという言葉のとおりに、そういった人たちの行動や考え方はすさまじいスピードで伝染します。独立開業の前には、絶対にやり切る強い意志をもっていてください。他人に足を引っ張られている場合ではありません。

どうすれば満足できるのか、自分自身を理解しておく

もし自分自身で立てた目標を達成することができたと感じたとき、それでも現状に満足できないのなら、そのときこそが行動を起こすべきタイミングです。仕事を辞めて独立することも、別の職場を探すことでも、その一歩があなたの人生を変える大きな一歩になるはずです。

ここで重要になるのが、自分にとっての満足について定義しておくということです。自分はどうすれば満足できるのかというのは人によって定義がまったく違

います。だからこそ、自分自身のことをきちんと理解しておくことが重要なのです。人間関係や仕事場の環境など、欲しいもの、欲しくないものを自分なりに選別することが大事です。そうやっていろいろなことを残したり排除したりしていくと、自分の欲望が明確になっていくのです。ただ漠然と行動を起こしていてはさまざまな職場や現場をふらふらしているうちに人生を終えてしまいかねません。そんなことは避けるべきです。

自分自身の満足を定義し、スタートラインをきちんと引くのです。そして、自分自身で納得のいくゴールを設定することで、走っていく道筋が見えてくるはずです。どのような仕事がいいのか、どのようなビジネスがいいのか、あなた自身の選択に確信がもてるようになります。今さらやっても、という考えはさっさと捨て去りましょう。今日スタートラインを引いても、引かなくても、一歩を踏み出しても踏み出さなくても、未来の自分から見た今日はあのときになるのです。

第3章

儲けるための従業員は雇わない

1人で会社を経営しても十分稼ぐことはできる

夢と希望とやりがい

日本は、高度経済成長期からバブル経済が崩壊するまでは経済が右肩上がりの状態が続きました。世界的にも珍しいくらいの好景気で急成長が続いた時代にさまざまな分野で働き方が決まってしまい、そこで固定化してしまった常識が今も澱《おり》のように企業の成長の足を引っ張る要因となっているのではないかと私は考えています。

経済が右肩上がりであれば誰もが明日に希望がもてるようになり、今日どれほどつらいことがあっても我慢できます。そういう若い人たちが大勢いてみんなが懸命に働き続けて、そうした多くの人たちの力によって社会は下支えされていたといえます。そういう時代も長く続いていました。しかし、もはや人口が減少の一途をたどり、若者が減り続けている今、経営者にはかつてとまったく逆の発想が求められているのです。

例えば私がかつて身を置いていた広告のクリエイティブ、特に制作の世界では、下積み時代はとても安い月給が続き、修業を長く積んだあとで自らの仕事が世の中に認められて脚光を浴びるようになって初めて、大きく稼げるという成功パターンが一般的に定着していました。まさに夢と希望に溢れていた時代です。厳しい師匠に物を投げつけられたり蹴とばされたりしながら、夜通し仕事は終わらないけれど、職場で寝泊まりして地道な努力を続けた末にいつかきっと成功できるのだという夢と希望があったのです。そんな夢を実現したいと、給料はタダ同然でも夢と希望と働きがいがあり、優秀な人材も実際多かったように私は思います。今日よりも明日がまだバラ色に輝いて見えていた時代です。

時代は変わり、明日が今日よりバラ色であるとはとても思えなくなっていたのに、それでもまだ若者に夢と希望を抱かせて多くの会社は稼働してきました。当然支払われる給料には、もはや夢も希望も上乗せされていませんから、働く人材のモチベーションは上がりませんし、不平、不満がだんだん目立つようになってきたと思うのです。

私が身を置いていた広告業界はもともと景気によって浮き沈みの激しい業界です。特に２００８年９月のリーマンショック以降ずっとひどい低迷が続きました。仕事量はあるけれど報酬は目に見える形で減っていきました。何よりそのときつらかったのは、私自身従業員に対して夢と希望を提供できていないと実感するばかりで、つくづく経営者としての実力不足を思い知らされたことです。

これだけの金額しか払えない自分には人を雇う力量などない、と思い至るようになったそのときから私は一人で仕事をすることを決心したのです。

いわば一人経営の仕事をやっていくにはどうやったらいいのかと、私は一人仕事の仕方を模索することになりました。それが今につながる私なりの仕事哲学を培っていったのです。

一人で会社を運営する時代の到来

社員を雇わずに一人で会社を運営し、自分のできる範囲内で仕事をしていくスモールビジネスというスタイルは、これからの時代さらに増えていくことになると私は予想しています。

従業員を雇い入れて、彼らが将来に向けてきちんと生活していけるだけの給与を支払い、さらに社会保険料も払っていくとなると、企業側の負担はかなりのものになります。

人件費は将来の収益という不確定要素に対して決定的な固定費となるので大き

なリスクとなります。何より従業員を雇えばその分、売上が増加するという時代ではもうありません。もはや採用コストが収益を圧迫してしまい、従業員を雇えないから会社がつぶれてしまう時代になっていると私は思います。

企業側も、雇用リスクにどう対応していくかが新しい時代の経営者には問われています。

例えば私たちフランチャイズの場合だとサイト運営やSNSの運用といった間接業務はもちろん、経営の根幹である経理や会計業務まで一貫してアウトソーシングしています。時間あたり単価で考えると従業員にやらせるよりも高く感じますが、自社でプロを育成していくよりも、今プロフェッショナルとして活躍する人材を活用するほうがよほど短時間で効率良く業務を回していくことができます。従業員の採用、育成コスト、退社リスクを考えると、スモールビジネスでは安易に間接業務を内製化できないのが現状です。

経営者が最も怖いのは、社員としての業務から得た経験が会社に蓄積せずに従業員個人に蓄積されてしまうことです。従業員が会社とともに成長し、終身雇用であるならば問題ありませんが、いまや転職は当たり前の時代で、今後さらに人材の流動化は加速していくのが必至の時代です。明日突然仕事を辞めて会社からいなくなるかもしれない従業員に任せるリスクを考えると、それよりはいかに効率的にアウトソーサーの組織化を進めるかに力を入れていくかが経営者として重要になってくるのは間違いないと思うのです。

こうした考え方が強まってくるのは、時代の流れから見ても必然のことであると私は考えます。近年では大手企業も終身雇用を見直し始めるようになり、正社員としての雇用契約を解消して社内フリーランスともいうべき業務委託契約を結ぶシステムを取り入れるところも現れるなど、働き方そのものに大きな変化が起きています。

例えば、ギグエコノミーの拡大、つまりプラットフォームやアプリを通じて、個人が一時的な仕事やプロジェクトを受注する経済形態が広がっています。インターネットとテクノロジーの進歩により、従来のオフィスに縛られず、場所や時間に制約されずに働くことができるため、働き方の柔軟性が増したことが背景にあります。従来の午前9時から午後5時までの固定勤務時間に代わり、フレックスタイムやコアタイム制度が導入されていますし、コロナ禍以降は会社に必ず出社することや直接対面での会議も義務づけない、リモート勤務が推奨されました。多くの人々が本業のかたわらで副業やサイドビジネスに取り組むサイドハッスルの増加など、現代の働き方は多様化してきており、従来の終身雇用に代わる新たな雇用形態が広まっています。

　実際に私の会社でもリモートワークはもちろん、クラウドでの組織運営というのは、コロナ禍よりはるか以前の創業当時から行っていました。必要な業務は専門家とパートナーシップを組み、アウトソーシングの組織化を実現しました。オフィスに従業員が集うことはありません。その結果、創業から倍々ゲーム的に増加する事業拡大のスピードにも対応でき、ノウハウの蓄積によって、１００店を超える加盟店の管理やスムーズな組織運営に寄与していることは間違いありません。

この中古車買取り業で取り入れているフランチャイズのシステムも、改めてたくさんの人から注目されていますし、実際にフランチャイジー（加盟店オーナー）として働きたいという人たちは激増しています。

さまざまな働き方が尊重される背景には、これまで企業が社員に対して国際的にもあまりに安い報酬しか支払ってこなかったことが背景にあります。過去の日本の経営者たちは、従業員の給料を上げると、グローバル競争で生き残れないなどと苦しい言い訳をしながら経営陣の利益追求ばかりに腐心し続けてきました。しかし、日本以外の世界の国々では株主還元をしつつも従業員の給料が上がり続けていますし、企業の利益も物価も上がり続けているのは明らかであり、日本に比べ株価の伸び率も圧倒的に高く、日本だけがほど遠いところに取り残されてきたのです。

日本ではコロナ禍が一段落した２０２３年春になってようやく大企業も重い腰を上げ始め、賃上げの動きが加速したものの、相次ぐ物価高で上昇分は目減りしている状態です。賃上げが社会全体に今後も広がり、再び諸外国に追いつけるかどうかは不透明です。

当面、少子高齢化と人口減少に歯止めがかからないなかで、今の日本の企業社会で、従業員という雇用形態を維持していくことはますます割に合わない時代になってしまっていることに気づく人がさらに増えてくると私は確信しています。もはや一人で働く時代がきているのです。ですから、一人社長という形で働く人はこれからどんどん増えてくるに違いないと考えています。

一人で始められるビジネスとは

広告制作会社の運営がかなり厳しくなってきた頃、私は次なる一手を考えなくてはならなくなりました。このままいくと無収入になりかねないと思ったのです。

そのとき私は仕事を社員に任せて新たなビジネスを探しました。まずは自分一人で立ち上げられる仕事というのを選択基準にして、インターネットで検索しながら探し出したのが、当時注目を集め始めていた中古車の輸出ビジネスだったのです。

フランチャイズの加盟店になればインターネット上のポータルサイトを使って集客から販売まで展開できるというものです。

このビジネスモデルはフランチャイズの加盟店として、1台からサイトに在庫の車両情報を掲載することで世界中の潜在的な購買客に対して広範な露出を得ることができるというものです。わずかな在庫でも、車両の仕様、写真、価格などの詳細情報を提供することで、興味をもったユーザーは他社の在庫と比較することができ、気に入れば直接連絡することができるようになっています。

　少ない資本でビジネスをやっていくとなると、いかに効率良く時間配分できる仕事かどうかを見極めることが重要になります。インターネットでの中古車輸出ビジネスは、自宅で、小資本で、買い付けから船積みまでほぼノータッチでできるところが魅力でした。それを理由に参入を決めたのですが、大失敗に終わりました。しかしながら撤退時に余計なコストは掛からなかったので、すぐに別の事業へ向かうことができました。いくばくかのお金は失いましたが、こうした経験が次の中古車買取りビジネスへとつながる足がかりにもなりましたので、私にとっては大いなる第一歩となったのでした。失敗してもすぐに再起できるビジネスであるかどうかは、一人で始めるビジネスを選ぶ際の大きなポイントです。

体験の積み重ねが経営者のメンタルを鍛え上げていく

今、私が取り組んでいる中古車買取りビジネスは、過去の失敗も含めたそれまでの私自身の経験から生み出されたビジネスモデルだといえます。

とにかく行動を起こしていくことが大切だということは、私自身さまざまな体験から学んできました。行動しないことはゼロと同じで、行動して初めて自分独自の経験が獲得できます。

改めて強調したいのが、経営者がビジネスを成功に導くために最も問われるのは行動の総量だということです。総量とはすなわち、どれだけのことをやってきたか、どれだけの距離を移動してきたか、どれだけの人間と会い、どれだけ壁を乗り越えてきたか、どれだけ挫折を味わってきたかといったことや、小さな成功体験に加えて、大きな成功体験を積んできたのか、それらを全部合計した行動の量のことです。成功ばかりでなく失敗も含めて、たくさんの経験を積んできた人ほど自分自身の引き出しも増えていきますし、常に少し高い視点から俯瞰して全体の状況が見えるようになってきます。何より、そうしたことが経営者としてのポテンシャルを磨くことにも直結します。自分自身に心のよりどころとなる体験があるかどうかが、経営者にとっては非常に重要なことなのです。

私自身は40代にかなり大きな浮き沈みを経験したことは人生で貴重な体験だったと思っています。新たなビジネス展開をもくろんだものの、ことごとく失敗に終わっていたときでさえ、自分では案外楽しんでいたと今、振り返って思い出します。

例えばアフリカで日々途方もない赤字を垂れ流していた苦しい時期でも、現地従業員との電話勧誘のいわゆるテレアポ営業を繰り広げた末に、地の果てまで人の見えない、砂漠のようなへき地にバスで向かうといった、日本では決して考えられないような仕事の毎日が続いていたのです。

まったく儲かる可能性を感じないのに私はどうして汗だくで広大なアフリカ大陸にいるのだろうかと、自分を高い位置から見つめていました。このばかげた行動は、きっと周囲の誰も体験したことのない話のネタとしても使えるし、将来の財産になると内心笑っていることを自覚していたのです。こうしたまったく意味がないと思われるような体験でも、積み重ねていくことこそが、私自身のメンタルをその後どんな状況でも生き抜いていけるようなレベルにまで鍛え上げてくれたのです。

意思決定は独裁的であれ

独立しようというときに、まずは力をかしてくれるパートナーを探そうと考えたくなるものです。そうなる気持ちは分かりますが、実は危険です。

パートナーと共同経営する場合、お互いの目的やビジョンが一致していることが重要になります。しかし、意見の相違や価値観の不一致がある場合、経営上の決定や戦略の立案において葛藤が生じる場合があることをあらかじめ想定しておく必要があります。また、意思決定においてパートナーと合意形成する必要があります。意見の相違や対立が生じた場合、意思決定のプロセスが結果的にビジネスチャンスを逃し、遅延する可能性を大いに秘めているからです。さらに、共同経営する場合、財務的リスクも共有することになります。相手の経済的な状況や信用性に問題がある場合、それがビジネス全体に悪影響を及ぼすことを考えると、必ずしも共同経営が優れているとはいえないのです。

もちろんすべての共同経営が問題を引き起こすわけではありません。パートナーとの信頼関係を築き、明確な契約や役割分担を行うことで、これらの危険性を軽減することはできると思います。そのため、私はパートナーと共同経営することが一概に悪いとは思いませんが、重要なことを決定するときには結局は一人で決めるべきだと考えます。最も効率的でスピードが速いことには間違いないからです。また、万一、決定によってうまくいかなかった場合も自分が決定したことだと納得することができます。

もしさまざまな事案を話し合いで決めていくとなると、意見が分かれることが必ずあり、調整役が必要となりますが、そうなるとまたメンバーが増えてしまい、話がややこしくなることは確実です。

一人で決めた場合と2人、3人、さらに4人、5人で話し合って決めた場合を比較してみると、例えば、本来はイノベーションを起こすことのできるすばらしいアイデアであったはずのものも、数人で話し合ううちに、斬新で独創的な良い部分は削ぎ落とされ、ありふれた当たり障りのない普通の形になってしまうケースはよくある話です。

そう考えると、共同経営者がいたとしても、できればどちらか一人に代表権をもたせて大事なことは一人で決めるのがベストだと考えています。もしこれまで企業に勤めていたことがあれば思い返してみるといいです。会社の大人数の会議で、まず独創的なアイデアが通ったことはなかったでしょうし、むしろ失敗したときに誰が責任をとるのかといったことばかりに終始してしまうことが多くなりがちだったはずです。一人なら、すべての責任は一人がもてばいいのですから話は簡単です。

恐怖心を飼い慣らす

フリーランスでも、個人事業主でも、会社経営者でも一人でいることの寂しさとともに、一人で働くことの怖さとも共存していかなければなりません。この恐怖感は会社勤めのときには決して感じることはありません。それだけ一人で事業を立ち上げるということは恐ろしいことなのです。

例えば中古車買取りビジネスで起業したとします。今日は1台買い取れたけれど、明日は買い取れないのではないかと不安になることがあります。また、オークションに出しても誰も買ってくれないのではないかといった不安もあります。

起業家にとっての不安というのはそれだけではありません。会社の経営だけでなく、生活すべてに関わる将来の不安が広がっていきます。あれほど起業前は明るい未来が続いていくはずだったのに、事業を始めた途端に一寸先も見えないほどの霧に覆われ、見えない何かにつまずき、足をすくわれ、違う道に迷い込んでしまい、次々と正解の分からない決断を求められる、そんないばらの道が続いているように景色が変わっていきます。こうしたことは起業したことがある人なら誰もが通る道です。

特に夜、眠りにつくときなどにそうした恐怖感が前触れなく襲ってくるものです。最初は眠れないこともあるかもしれませんが、自ら努力して慣れていくことが重要です。慣れることができないとメンタルをやられてしまいます。優秀な経営者が意外と成功できない理由にこの恐怖があるともいわれています。

こうした恐怖感をうまくコントロールして飼い慣らしていくには、結局のところ積極的に行動し続けていくしかありません。行動量を増やして、その先であらゆる経験を積み重ねて自信に変えることで恐怖に打ち勝っていくのです。

あとはあまり先のことは考えないようにして、今日一日を最大限楽しむことが大事です。それこそが恐怖感を飼い慣らすためのちょっとしたコツです。

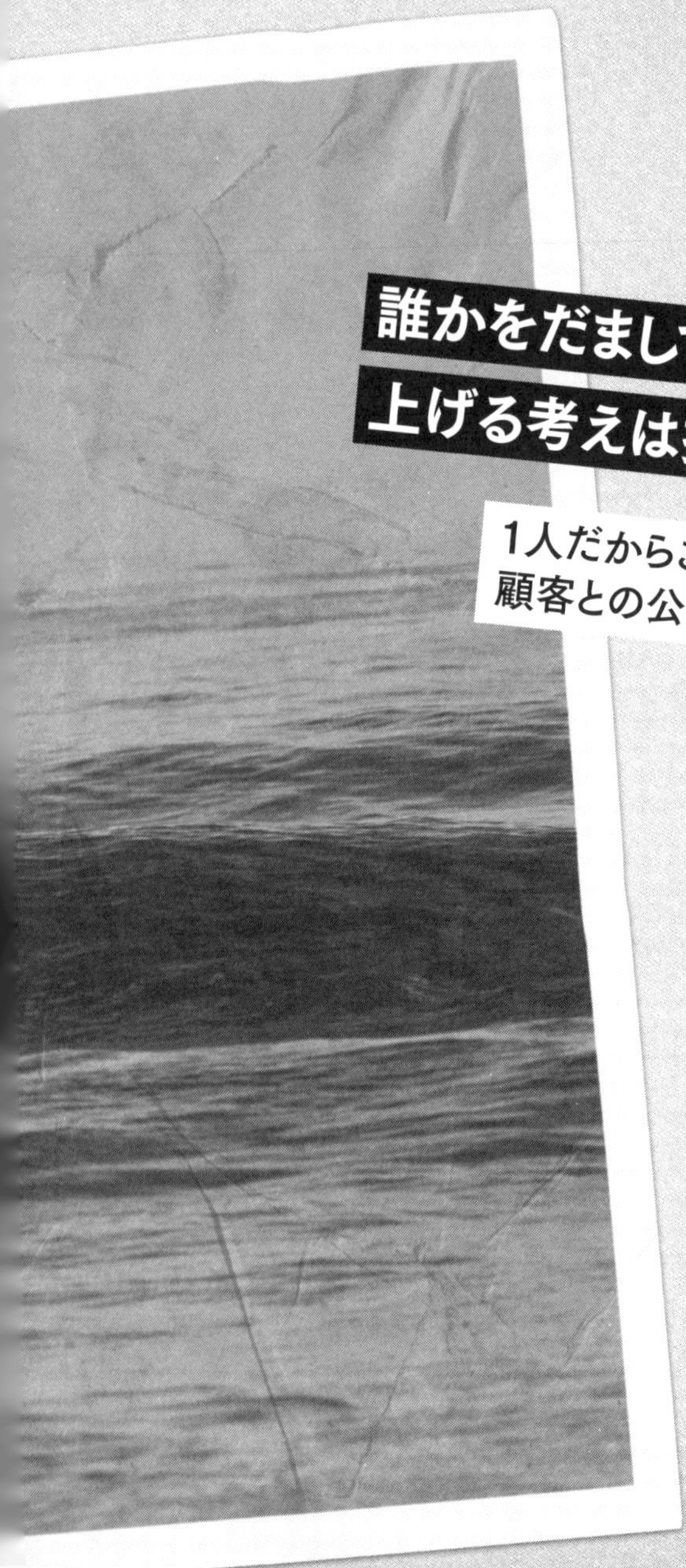

第4章

誰かをだまして利益を上げる考えは捨てよ

1人だからこそ実現できる、顧客との公明正大な取引

中古車買取り業界が長年抱えてきた暗い闇

昨今、中古車販売大手の不正が明らかになり大問題となっています。取引時の顧客との約束を守らないのは、もはや公正なビジネスとはいえない恥ずかしい事態です。顧客は商品やサービスを購入したあとに何かおかしいと気がついても、時すでに遅く、支払った代金は戻ってきません。まして大手企業が相手となると、単なる顧客の一人として声を上げたところで相手にされないケースも起こります。そうした経験を一度、あるいは二度、三度と経験すると、顧客は当該企業だけでなく業界そのものに不信感を抱くことは明らかです。

中古車買取りビジネスでは、インターネットの普及で最近でこそある程度の相場は一般顧客でも予測できるようになってきています。20年ほど前までは一般顧客と中古車相場の接点は週刊誌くらいに限られていたので、ほとんど業者の言い値での査定金額で愛車を手放してしまうケースが多かったと聞きます。当時、相場が分からず思いのほか安く売ってしまった、買取り業者にだまされたといった感想を抱いている人が多かったのは事実です。中古車買取りというと、やはりちょっと怪しいイメージを抱いてしまう顧客も多いのです。

少なくとも新規参入した私たちは、徹底的に顧客に真摯に向き合う行動を続けることによって、そうしたこれまでの暗い闇を抱えてきた業界へのイメージを少しずつでも変えていこう、信頼を獲得していこうと努力し続けてきました。

ところが最近になっても中古車買取り業界の一部の企業が顧客を欺くような行為をし続けており、悩んだ顧客からの相談件数が急増していると伝えられたことに私は仰天しました。

2023年3月に時事通信は、「中古車売却トラブルに注意　強引な契約、相談増加─国民生活センター」という見出しで記事を配信しています。中古車売却を巡るトラブルの相談が2021年度は前年度より25％も多い1519件に急増し、うち1326件が「価格査定しか頼んでいないのに強引に契約を結ばされて車をもっていかれた」「高額なキャンセル料を提示された」といった、契約や解約に関する相談でした。記事によれば、特に50代と70代以上からの相談が増えていて2012年度に268件だったのが2021年度は505件とほぼ倍増しており、国民生活センターの担当者は「悪質な事業者は売り手を囲い込む目的で、強引に契約を迫る。その場で契約せず、いったん冷静に考えてほしい」と話しているとあります。

記事を読み、相談件数の多さだけ見ても改めて驚きを感じます。しかも、この件数は実際にセンターに相談してきた数ですから、相談できずに泣き寝入りしている人も少なくないと考えると、まさに氷山の一角なのだと想像できます。

これだけインターネットが発達して中古車買取り業に情報格差が少なくなっても、一部の悪質な例とはいえ業界を担う人間の質は20年前から何も変わっていないどころか、むしろ以前よりもひどくなっているといわざるを得ない状態であることは本当に残念で情けないですし、許しがたいことだと怒りを感じます。

また大手自動車メーカーでも検査偽装が発覚するなど、従業員の不正が原因とされる問題が続々と明らかになってきています。

実はこうした問題の根底には日本の30年前から固定化された、給料が上がらない構造にあるのではないか、こうした事象こそが今の日本の問題点を明確にあぶり出しているのではないかと私には思えてなりません。

従業員は不正をしたくてやっているわけではありません。根底にあるのは、将来への不安と、ずっと続いている給料の安さです。誰もが給料が安いから少しでも成績を上げたいし、効率を上げたいと考えるものです。ほとんどの従業員は待遇に満足していませんので、不正に手を染める人も出てきます。そうした、一人ひとりの社員の心中で、「だってこんな給料じゃ、とても生活していけないし、やっていられないじゃないか」という思いが常に消えない状況が続いているのです。

買取り業界でいうと、従業員は買取りができるまで自社に帰ってくるな、などというパワーハラスメントに近い形で営業活動をしいられ、成績を上げることを強制されているともいわれます。営業成績を上げないと十分な歩合もつかないので多少無理をしても、強引にでも買い取るしかないと迫られるわけです。

こうした状況に陥ってしまうと、安い給料でも、顧客を欺くのはモラル的にも法的にも絶対にダメだという良心のタガが外れてしまうのだと思います。仲間である従業員全員が給料に不満を抱いているなかで、多大なストレスを抱えながら仕事に携わっていると考えると、基本的なモラルが薄れていくことは容易に想像がつきます。

フランチャイズ事業で現場の質を高める

実は以前から中古車買取り業界に対する不信感に私は着目していました。やはり従業員は自らの給料や待遇に満足しておらず、私が業界の現場を訪ねると、同業者である私に公然と不平、不満を言い放つ営業スタッフを多く見てきたからです。

そのような不信感も根強く、ちょっと怪しい業界という風評が流れてしまっている中古車買取り業界で、優秀な人材を継続して採用していくことは難しいのではないかと私は考えました。この業界は人材業界でいうところの不人気業界でかつ不人気職種ということになると、採用単価が非常に高くつき、さらに短期での離職率も高くなるため、従業員給与をさらに抑制せざるを得ない悪循環に陥ってしまうのです。これでは業界の状況が良くなるはずがありません。

業界の不信感をぬぐい払っていくためには、現場の質を上げることが何よりも必要になります。

こうした問題に対して現在私たちが展開しているフランチャイズ戦略は、現場の質を高めていくことが可能なビジネスだといえます。車買取りビジネスでフランチャイズシステムを構築し、接客は個人事業主あるいは事業経営者である加盟店オーナーが展開していくことによって、加盟店オーナーには満足のいく手取り収入を実現させることができます。最低でも月の粗利で１００万円を目標とすることで、加盟店オーナーがハッピーになり、さらに顧客にハッピーを提供していきたい、そんな思いから私たちは加盟店の開拓に取り組んできました。

事業を開始して私たちの会社は８期目を迎え、加盟店は１００を超えました。そのなかでも多くの加盟店オーナーたちが満足のできる収入を実現させています。

直接雇用とフランチャイズオーナー制の比較

直接雇用100人

- 従業員給料→安い（手取り額を増やすには歩合で少しずつ増やすしかない）
- 現場で得たノウハウ→従業員（離職したら会社に残らない）
- 利益→会社

フランチャイズオーナー制

- 加盟店オーナー→手取り収入高い（やり方次第で月に100万円以上の収益も可能）
- 現場で得たノウハウ→フランチャイズ全体（グループ全体で共有）
- 利益→ほぼ加盟店オーナー

最近でも月に30台買取りしたという若手オーナーが喜びの報告を上げてくれました。人は収入が上がれば当然、さらに収入を上げていくためにどうすべきかを考えるようになります。継続して信用を積み上げていくという考え方の私たちの加盟店オーナーは、短期的にでも顧客を欺いて収益を上げていこうとは考えません。より誠実に、より真摯に、中長期的に顧客から信頼され続けるためにどうすればいいかを、自発的に考えるようになりますし、これがすなわち現場の質の向上に直結していくのです。

私自身、あなたの会社は従業員は何人ですかと質問を受けることがあります。確かに従業員を大量に雇用する企業は立派だと思います。しかし、自分なりの価値観で目指す手取り額を実現できるように、フランチャイズの加盟店オーナーを育て、幸せにしていくという強い思いこそが私たちのビジネスの強みです。

加盟店オーナー１００人の納税額の総額だけを見ても、社会に貢献していることは間違いありません。もちろん、顧客一人ひとりをハッピーにしていくという点でも社会を豊かにしていることにほかなりません。そして何より、車を売却するユーザー一人ひとりに対して真摯に向き合える仕組みなのです。

売り手と買い手が対等なビジネスモデル

売り手と買い手とが対等でともに心地よい関係を築けるビジネスこそがまさに理想的であり、私たちが目指しているところです。

心地よい関係は、売り手と買い手の間に長期的な信頼関係を築く基盤となります。信頼関係があると、両者は互いのニーズや要求を理解し、共通の目標を追求することができます。これにより、継続的なビジネス取引やパートナーシップが可能になるのです。売り手が買い手のニーズや要求を正確に把握し、それに適した製品やサービスを提供することで、顧客はより満足感を得ることができます。

また、売り手と買い手の双方の利益を最大化することにつながります。双方が協力し合い、互いの利益を考慮しながらビジネスを行うことで、持続可能な関係が生まれます。これにより、売り手は買い手からの継続的な収益を確保し、買い手は高品質な製品やサービスを手に入れることができるのです。

私たちのフランチャイズのビジネスモデルであれば、双方がオープンに意見や要望を伝え合うことができますので、問題が発生した場合には顧客とともに解決策を見つけることができます。円滑なコミュニケーションと問題解決は、ビジネスプロセスの効率化や生産性の向上にもつながるのです。

やはりそう考えると私自身、中古車買取りの現場で顧客と接点をもちながら感じたことは、顧客との関係は本当にお金だけのつながりではないということです。車の売り買いを介した、人と人との交流が確かに存在すると確信したのです。私たちのそんなビジネスで絶対的に中心となるのは人です。人と向き合い、確かな信頼のきずなを結びながら、価値をまっとうに評価してしっかりと対価を支払う、支払うことができる仕組みというのが今の日本には絶対に必要です。それができれば、世の中はパッと変わるのです。私がフランチャイズビジネスで挑戦し続けているのはそういうことです。

顧客とのフェアな関係性

中古車買取り業は、むやみに顧客に頭を下げなくていい仕事でもあります。もちろん、これは顧客に対して偉そうにするということではありません。

つまりどのようなビジネスでも双方は基本的に対等な関係で進めるべきなのです。商品を売る、サービスを売る、それらに対して対価を支払うのがビジネスの基本にあります。ただしこれだけ物もサービスも同じようなものが溢れている時代において、他社と同じようなもの、同等なサービスを提供するビジネスではそれを買う側、つまり選ぶ側が強者となります。そうなってしまうと、もはや商品を提供する側は価格でしか勝負することができなくなります。

頭を下げたからといって、それが選択の理由にはなりません。買い手は当然価格の低いほうを選ぶのが合理的な選択だからです。では金額も同等の場合はどうなるかといえば、そこで必要になるのは、相手に決定的に選ばざるを得ない理由となる、プラスアルファの魅力を提供することが必要となります。

そう考えると、中古車買取りビジネスでは売り手に対して買い手が競合するため、なるべく高い金額を提示したほうが成約率は上がります。この点については出張買取りに特化する私たちは低コスト経営が強みです。管理費の高い店舗型の中古車買取り店と比較すると圧倒的にコスト競争力は高く、まずは競争の土俵に上がることができます。

出張買取り業者であれば店舗をもたず、車を査定して買い取るために直接顧客の場所に出向くことができるため、店舗運営に掛かる費用を抑えることができます。店舗型の中古車買取り店は、店舗の維持費や人件費など多くの経費が掛かり、それらの費用が掛からないという点で出張買取り業者のほうがコストを低く抑えることができるのです。

私たち加盟店オーナーが行っている出張買取りではオンラインプラットフォームを活用することで、広告費を抑えながら多くの顧客にアプローチすることができます。一方、店舗型の中古車買取り店は地域的な広告や集客に費用を掛ける必要があり、その分コストがかさんでしまう傾向があります。

多くの店舗型の中古車買取り店では、従業員スタッフが店で車を見て会社に報告し、会社から出た査定額をユーザーに伝えるというケースが多く、その精度とスピードには限りがあります。

私たちの加盟店が行っている出張型であればオーナー自身がユーザー宅に車を直接確認するため、早くより正確な査定が可能です。当然、ユーザーからも支持されています。

最終的なプラスアルファの魅力を提供するという点では、顧客にとっての選択のメリットは、単なる企業の営業スタッフより、地元で事業を継続しているフランチャイズ店舗代表者のほうがより強く訴求することができることは明らかです。

さらに私たちの車買取りビジネスでは、必ずしも顧客はビジネスライクな取引を望んでいません。特別な友達のような関係、気軽に好きな車のことについてなんでも相談できる仲間ができたような喜びを感じてもらえることが、私たちを選択する決定的な理由になっています。


私たちのフランチャイズの営業スタッフたちは、金額だけで勝負したくないとどこのスタッフも必ず言います。出張車買取りビジネスは、シンプルであるがゆえに、より顧客との関係性をダイレクトに感じることができるのです。

友達のようになれるのであれば上下関係はありません。顧客と信頼を築き、そのような関係を築いていけるかどうかを日々実践できることが私たちの買取りビジネスの醍醐味でもあります。

スモールビジネスの成功法則

スモールビジネスの成功法については、小資本であること、在庫をもたないこと、利益率が高いこと、定期収入を得ることの4要素が重要といわれています。私の始めた出張車買取りビジネスはすべてに当てはまり、まさにスモールビジネスとしては理想的な形といえます。一人で、小資本で、在庫ゼロで開業できますし、高単価、高利益率、そして地元でコツコツと継続していくことでリピーターを増やしていくことによって収入を拡大していけます。

出張中古車買取りビジネスで成功できる理由を以下にまとめます。

1．在庫不要・店舗不要

完全なる卸の業態なので、在庫は不要であり、出張型なので店舗も不要。

2．高単価・高利益商品であること

5万円から10万円程度の利益であれば、わずか1台の取引で獲得可能。

3．手離れが良い

顧客に渡すのは現金のみ。商品ではないので基本的にクレームなし。契約、引き取り後の無駄な顧客対応も不要。

4．継続して売上が見込める

地元密着でコツコツ営業していくことが基本。リピーターの獲得が容易。

5．労働集約型ではない

商談時間も平均15分程度と短く、時間にも縛られず、収益上限額は実質無限。仮に1台10万円の利益の場合10台で100万円、20台で200万円の利益獲得が可能。

ただし、これはあくまで一人でスモールビジネスとして展開した場合です。拡大しようとすると、途端に土地、建物、従業員といった人件費や販管費に圧迫され、価格競争力を落としてこのメリットを享受することが困難となります。

では、どうすればベストかと私が考えたのは、一人で開業できるこの出張買取りビジネスをパッケージ化して、フランチャイズ加盟店を募り、ノウハウをオーナー一人ひとりに提供していくことでした。

成功確率の高い出張中古車買取りビジネスをフランチャイズ化することでスモールビジネスの集合体をつくるというわけです。圧倒的なスピードで成功体験を量産していって、顧客との関係性を重視した経営で多くの信頼を獲得して、一気に拡大してブランドを確立していきました。

私たちはこうした戦略を立てて実行に移した結果、開業4年で70店を超えるまでに成長し、さらにテレビコマーシャルも開始しました。そうしたことによって今では100店を超えるグループに成長しました。

ざっと計算して、100人規模で単純に加盟店オーナー一人が月に3000万円の売上を上げたとすると、年間360億円の売上が上がることになります。加盟店オーナー一人が月に5台の買取りをしていくと年間6000台の扱い量です。オーナー一人が月に10人の顧客と接点をもてば年間1万2000人と接点をもつことになります。

このスケールメリットは、決してスモールビジネスでは生み出せないものです。これだけのマーケットをゼロから創造できたのも、自分が一人で儲けるというよりも、フランチャイズの加盟店オーナーを儲けさせていくことで、ユーザーも満足し、最終的に全員がハッピーになることができるのだという強い思いを理念として固めて、ビジネスに取り組んできたことが要因だと実感しています。

フランチャイズ店舗のオーナーには、現在20代をはじめ、50代まで幅広い年齢層の加盟希望者が殺到しています。前職は経営者だった人だけでなく、まったくの異業種からトライする人や会社勤めの人も多くいます。なかには会社の正社員から契約社員に契約し直して会社に籍は残したまま、兼業して活躍しているオーナーもいます。

私たちのフランチャイズに加盟したオーナーに話を聞いてみると、会社勤めだった人はまず給料が少な過ぎるということが退職理由となり、独立開業の大きな動機になっています。そうした話を聞くと、やはり働く者はもっと給料の低さに怒っていいと思います。自ら進んで一歩を踏み出して、新しい働き方を模索していくべきです。

成功体験が最大のケアになる

まったくの未経験から新たに加盟店となった人たちは、よほど商売に慣れた人でなければ顧客に声を掛けるのさえ最初は難しいと思います。

私たちフランチャイズ本部では、そうした不安に対してケアをするようなサポートシステムがあります。なかなか不安は消し去ることはできませんが、とにかく慣れていくこと、そして自ら成功体験を積み重ねていくことこそが最大のケアになるのです。呼び掛けているのは、とにかくハッピーに、楽しんでやっていこうよということです。仕事ではなく娯楽や趣味の延長線上で、できるだけ多くの人に会うのです。例えば飲み会やイベントで出会った人に次々と名刺を配っていき、出会った人に明るく声を掛けて知り合いの輪を広げていこう、ということです。ものを売ろうというわけではありません。「少しでも車を高く買ってあげられる」ということを相手に伝えるだけでいいのです。これなら難易度はぐんと低くなります。

どんな人にもそれまでの人生の蓄積があります。私は相手の蓄積を尊重することを大事にして、成功体験を共有できるように働き掛けています。自分が認められ、尊重されていることが分かれば、人は一歩踏み出し変わっていきます。

月に300枚名刺を増刷する「名刺配りまくりおじさん」

最初はあまり資金力がなさそうで、大丈夫かなとちょっと私も心配していたオーナーが、最初の月からぽんぽんと利益を上げて驚かされたこともありました。スタッフに聞くとそのオーナーは開業1カ月で名刺を300枚配りきったというのです。

彼はちょっとした会合には必ず参加するらしく、その機会さえも自分でつくってしまう人でした。

ある夏の日、研修のあとに加盟店オーナーが集まってビアガーデンで懇親会をやっていました。みんなで気分良く飲んでいると喫煙室から戻って来るやいなや彼は「明日2台査定決まりました」と笑顔で言うのです。たばこ一本吸っているときに全然知らない人たちと車の話で盛り上がって、「じゃあ明日査定行くわって話になったんだよね、アルファードとノア」

彼は喫煙所でも名刺を大量に配っていたわけです。実際に翌日になると本部に査定の相談がありました。もちろん昨日の2台の商談です。あらゆる場所に商売のチャンスがあります。特に車は共通言語といってもいいほど多くの人がもっているものです。こんな話を聞くと集客に悩むのが馬鹿馬鹿しくなります。ちょっとした行動が明日の利益に直結します。これもひとりでできる出張中古車買取りビジネスの面白いところです。

加盟店同士の交流会で成功体験を共有する

広告の効果的な打ち方も加盟店同士の交流会で体験を話し合って共有しています。先日も地方の郵便局の広告プランがなかなかいいよという話が出ました。そういった、どこどこに出稿したら結構いいよという程度の話は勉強会でよくある話ですが、私たちの加盟店オーナーたちの引き出しはかなり多く、それをきっかけにしてさらに深く掘り下げて具体的にどれほどのＣＰＡ（顧客獲得単価）まで見込めるかという点までみんなで言及しています。

　例えば期間は？・時期は？・から始まって、出稿する郵便局の規模、地域、ユーザーの年齢層などかなりにまで及びます。例えば、出稿する郵便局のユーザーにご年配の方が多いという話が出ました。だったら年金の支給日は原則偶数月の毎月15日なので、そこを絡ませたほうがいいです。また、年金を受け取りにくる高齢者には運転免許の返納を考えている人も少なくありません。そこで、年金支給日に合わせてピンポイントで郵便局に宣伝ポスターを掲載して持ち帰りチラシを置くと成約に結びつきやすい、結果はこうだったなどといった明日から実行できる具体的な経験談も共有しているのです。

　さらにそれを実行したいくつかの加盟店オーナーから大きな郵便局よりも特定

郵便局のような小さめのところのほうが成約しやすくて件数も多くなるという話も出てきたり、たった一つの事例が加盟店オーナーの数に比例して、さらなるナレッジを生み出していくのです。

まさにひとりの経験だと1しか生まれませんが、100人のオーナーが集まれば一度に100のナレッジが生まれるわけです。これが私たちの加盟店オーナーの成長スピードに寄与していることは紛れもない事実です。未経験からたったひとりで加盟したオーナーが1カ月目にして信じられない利益獲得を実現できるのも、こういった事実の裏付けがあることが大きな理由の一つです。

自信と余裕が顧客からの信用を獲得する

基本的には、何よりもできるだけ多くの人と知り合いになろうと心掛けることが必要です。そして、そうした人に気さくに話ができるようになって、その人の信頼を受けられる輪を広げようと呼び掛けているのです。やはりその基本となるのは、「関わる人すべてにハッピーを提供していく」という理念そのものなのです。その理念さえしっかりともっていれば、決して難しいことではありません。

実際のところそれでビジネスがうまくいって利益を手にして儲かってくればうれしいものです。また、その成功が積み重なっていくと仕事そのものが楽しくなってきます。そうしたオーナー一人ひとりが表情やファッションまで明るく大きく変化していくのは本部としても見ていて痛快です。加盟する前は不安で仕方なかったような人の表情が自信に溢れたものに変わってくるのです。

自信が出てくると心にも表情にも余裕が生まれ、顧客からもさらに信用されるようになっていき、あなたに車を売りたいというユーザーが増えていくという好循環が生まれていきます。小さな成功体験が次第に雪だるま式に大きくなっていくことで、オーナー自身も成長し、顧客もより大きなハッピーが得られるのです。

サポートは本部だけではなく、加盟店ぐるみ

私たちのフランチャイズ店に対するサポートの特徴としては、誰もが自由に参加できるＳＮＳで情報共有を盛んに展開していることを挙げることができます。１００店規模になるとその情報も多種多様で、地域性、規模、資金力、これまでの経験など、自分に近しい情報がどこかに掲載されているケースも多く、加盟店オーナーの成長に直結しています。さらには、その都度開催される本部主催の研修会や勉強会、懇親会などで全国から多くの加盟店同士が仲間として交流を深めて、成功体験を共有することができる仕組みを常に整えてあります。

世の中にはさまざまなフランチャイズの企業があり、通常はあまり加盟店同士が会って話したりすることを好まないようですが、私たちはあえて加盟店同士が自由に交流してもらうようにしています。本部だけではなく、加盟店同士の横のつながりがしっかりしていることで、加盟店のなかからも困った話の相談に乗ってくれる人がいて、バックアップ体制がすごくしっかりしているという話も加盟したオーナーの多くからよく聞きます。なかには本部には聞きづらいことも懇親会で仲良くなった加盟店オーナーの仲間になら気軽に聞けるという話も耳にします。

　そんな私たちのナレッジを共有して互いに成長していくスタイルの確立は簡単そうに見えて実は一朝一夕で実現できるものではなく、私たち自身が加盟店オーナーたち一人ひとりを成功させ、できる限り脱落者は出さないという決意と行動の結果です。

手探りで始めた創業当時から、本当にみんな未経験だったので、先輩が後輩に教える、後輩が先輩に聞くという、互いに助け合わざるを得ない状況から生まれ、一人ひとりが自分のブランドとして、自分ごととして組織を育ててきた結果であるともいえます。もはや仕組みというよりも文化といったほうがいいかもしれません。そんな文化のある組織を私はとても誇りに思っています。

加盟店数が100以上あるからこそ、オーナーたちが提供できる専門的な知識、ナレッジのバリエーション、ノウハウの多様性をもっています。一人ひとりの個性や地域性に応じた実体験からの多彩なアドバイスもできます。現場で積み上げられてきた経験の量は相当なものがあります。私たちは、そうした数多くの経験を共有できるように、フランチャイズのなかでも相互のサポート体制も充実させていて、そうした人材を育成しています。

だからこそ、なるべく多くの加盟店オーナー同士が接してもらいたいと願っています。こうして交流を深めるなかで、成功例を示し合うことで、オーナーの良い参考事例として、真似することを覚えてほしいと私たちは考えています。真似をしているうちにそれが自分のやり方になっていくもので、いつの間にか現場でもうまく対応できるようになり、それが新たなナレッジの誕生となるのです。

実際には失敗を繰り返してなんとかやっていけるものですし、その失敗もまた経験の一つであり、恐れる必要はまったくありません。成功も失敗も受け止めてくれる加盟店オーナーたちが味方にいるからです。私たちの加盟店オーナーはみんなそれぞれに成功も失敗を繰り返して経験してきているため、特に懇親会では失敗ネタでも明るく盛り上がっています。

ユーザーとの共感と関係性に重点を移し、業績爆上がり

　フランチャイズ店を開業するオーナーにはスタート直後から順調に成約件数を積み上げて営業を拡大していく人もいる一方で、一生懸命に頑張っているのだけれどもなかなか成果が上がらないという人もいます。

　ある関東地方のオーナーも開業して3カ月くらい低迷が続く状態でした。他社よりも高い買取り金額を提示しても思うように成約できなかったり、買い取ることができた事例でも十分に利益を上げることができなかったりして悩んでいました。彼は本部だけでなく加盟店オーナーの仲間にも日々電話したり、懇親会に出て意見交換をしたりして相談を重ねながら自己分析してみると、どうも商談の際に買取り価格の高さばかりに力点を置いていることに気がつきました。「どこよりも高く買い取ります。それでは単に他のよくある買取り店と同じじゃないか」

と彼は自問しました。そこから徹底してユーザーが本当に求めている価値は何なのかを考えてコミュニケーションしてみることを心掛けたというのです。

実は顧客は価格の高さだけを求めているのではないということに気づかなかったのが、低迷の原因だったのだと悟ったのです。

自分は単に車ばかりを見ていて、売り主であるユーザーがどういうことを求めているのかについての視点をもっていなかったのだと反省し、査定の際は単に車だけではなく、顧客に視点を移し、顧客が何を求めていて、顧客にとっての理解者としてどうあるべきかと考えながらコミュニケーションをとるようになったのです。

そうするうちに自分自身もこの人の車なら精いっぱい高く買いたいと思える人とだけ商売をしようと考えるようになって、単なる金額だけの査定から、ユーザーとの共感と関係性に重点を置いていくうちに、日々の買取りで台数が増えて利益も上がってきたのです。やがて、本部の私たちから見ても一人オーナーとしては信じられないほどの年商を実現するようになり、2022年は月商1億円を記録し、粗利も単月でも1000万円超を達成しました。年商1億ではありません。たった一人で月に1億円を売り上げたのです。今ではフランチャイズ加盟店のエースとして活躍するまでに成長しています。

こうした活力に溢れる、数多くのフランチャイズ加盟店オーナーたちが成功と失敗を重ねて自ら体得してきたノウハウは直接、あるいは間接的に語り継がれており、本部と加盟店間でもしっかりと共有しているのです。

私たちはこういった場面でも、常に一人ひとりの出会いを大切にし、互いの信頼関係を深めて共感し合える関係を大事にしながら、よりみんながハッピーでいられるような仕事の実現を目指しています。人の未来なんてちょっとしたきっかけでパッと変わります。成功か、失敗か、その違いはほんのわずかです。そのほんの些細な違いを踏み間違わないように導いていくのも私たちフランチャイズ本部の使命だと考えています。

新しい働き方が広がれば社会全体も変わっていく

儲けや稼ぎを独り占めしようとすると資本はその範囲だけにとどまってしまいますが、周囲の人とともに力をあわせて儲けようとすると資本はどんどん増えていきます。これはあくまでも私の持論です。私たちのような１００人規模のフランチャイズで単純に加盟店オーナー一人が月に３０００万円の売上があったとすると、年間３６０億円となります。

わずか１００人程度といってしまえばそれまでですが、その程度の少ない人数でも一定程度の経済効果を生んでいるということは胸を張っていえますし、出会ってきた数多くの人たちに心地よさや喜び、あるいはハッピーな気持ちを与えていることは決して減っていくことはなく、むしろどんどん増えていっています。また、新しい働き方を提示して多くの人たちがそれぞれの地元で実践してくれています。時間的にも、金銭的にも、より自由を求めるのであれば、自ら経営者になるしかないのです。

中古車買取りの実務については経済に精通している必要もなければマクロ経済なども考えなくていいのです。少子化対策だとかマーケット、車離れなどの社会情勢も気にする必要はありません。

周りを見渡すとたくさんの車が走っています。加盟店オーナーはそこからほんの数台でも買取りできればいいだけです。月に3台から5台、売ってくれる相手を見つけて交渉して、買い取るだけです。決して難しく考える必要はありません。スモールビジネスであるフランチャイズ加盟店オーナー経営者一人にとって、中古車のマーケットはほぼ無限といってもいいと思います。ビジネスは、よりシンプルにとらえ、関わっている人がみんな喜ぶことをしていけばいいのです。

誰もが周りから収奪することなく利益を創造し続けたとしたら、それが数珠つながりになっていったとしたら、資本の総量も一気に増えていくのではないでしょうか。同時にそこで人と人とのつながりが生まれてくるとしたら、幸せの総量もまた増え続けていくのではないでしょうか。ある意味私が行っているフランチャイズビジネスはその壮大な実験を試みているといえます。

多くの従業員を雇用するというリスクをもたずに、より少ないリスクで多くの富を生み出していくビジネスモデルです。

未来に向かって、どのように働けばいいのかについて誰も正解をもち合わせていない時代のなか、これは私からの人生を豊かに生き抜くためのほんの小さな提案に過ぎません。働き方が変わってくれれば、人生が変わりますし、そうしたことによって社会が変わっていくのだと思うのです。

競争戦略ではなく協調戦略

ビジネスを展開していくうえでは、他社ともそうですし、フランチャイズの加盟店同士も競争ではなく協調を深めていくべきです。私はこれをスモールビジネスの戦略であると思っています。

スモールビジネスは大企業に比べてリソースが限られています。そのため競争戦略では他社との競争でリソースを消耗する可能性がありますが、協調戦略であればほかの企業や組織と協力することで、リソースの最適活用が可能となります。例えば、購買や生産、マーケティングなどの面での協力により、コストを削減したり効率を向上させたりすることができます。

また、スモールビジネスが協力関係を築くことで相乗効果も生まれてきます。複数の企業や組織が連携して市場に参入したり、商品やサービスを組み合わせたりすることで、顧客により魅力的な提案をすることができるのです。相乗効果が上がることにより、個々の企業や組織が単独では実現できない成果を得ることができるため、競争に比べて大きなメリットを享受できます。

さらに、スモールビジネスは限られた人材や専門知識をもっていることが多いものです。協調戦略を通じてほかの企業や組織と知識や経験を共有することで、相互の成長や学びの機会が増えていきます。また、市場のトレンドや変化に対応するためにも、異なる視点や専門知識をもつ企業、組織との協力は重要です。相互の経験やノウハウを共有していくことによって、より効果的なビジネス戦略や運営方法を獲得できます。

私たちのように中古車を買い取るということは、世の中に現実に出回っている自動車すべてが買取り対象の車だということになります。つまり、決まった数の椅子を取り合うゲームではないのです。

従来の中古車買取り業界では競合同士が直接助け合っていくことこそ少ないと思いますが、角を突き合わせて相手をはじき飛ばすようなビジネスに精を出すのではなく、お互いに尊重し合いながら買取りを進めていくべきなのです。そうしたことが自分たちだけでなく、さらには顧客も豊かにしてくれますし、ひいては業界全体を底上げすることにもなっていくのです。

スモールビジネスの協調戦略という強みを、加盟店同士でかなえられるというのが私たちのビジネスモデルです。加盟店のオーナーが互いに相手を押し込めたり引きずり下ろしたりするのではなく、互いにフォローして助け合い、引き上げていくことこそが大切になります。

実際のところ私たちの加盟店オーナーは同じ地域にひしめいているところも

いくつかありますが、加盟店オーナー同士で競合することはほぼありません。というのも、オーナー一人が扱う台数も月に10台程度、多くて20台です。目の前の通りを見てみると、幹線道路では30秒もかからず車が通り過ぎていきます。どれだけ隣接しても、パイを取り合う必要はありませんし、実際取り合う規模ではありません。

ではどうするのが合理的であるかというと協業することです。近隣の加盟店オーナーとは協力することが相乗効果となり、一人ではなし得ない利益獲得を実現させていきます。よくドミナントといいますが、まさに狭い地域で1店が広告を出すよりも、2店が集中して同じ予算を投下したほうが広告効果は相乗的に増幅していきます。

私たちの加盟店を見てみると、九州の福岡地域では福岡西店と福岡東店が隣接していますが、お互いに協力し合いながら、安定した利益を獲得し続けています。その他、本部所在地である神奈川を中心とした関東圏はもちろん、宮城、福島、静岡、山口など、全国的に隣接する加盟店が多いほどより安定している傾向が見受けられます。

第5章

ビジネスをプライベートの延長線として考える

金儲けのために働くのではなく、人生を豊かにするために働く

大企業が取り組んでいることをビジネスの参考に

会社の経営者にとって目標の一つに経営を継続するということが挙げられます。そのため経営者は、周辺の環境の変化に対応して、今までと同じような商売をしているだけでなく業態を変化させたり新たな人材を登用したりと、さまざまな工夫をこらしていきます。それでも世の中の激しい動きについていけず倒産する会社が出てくるのですから、会社として継続していくことがいかに難しいかがよく分かります。何十年、あるいは１００年以上も続いている大企業は、やはりその点は賢くて組織内で常に新陳代謝がなされているのだと私は思います。もし、そうした新しいものと古いものとの入れ替わりが止まってしまったときはその企業が廃れていく瞬間です。

大企業は市場や競争環境が刻々と変化するなかで存続していくすべをしっかりと分かっています。そのため、組織内では常に外部の変化に敏感であり、柔軟性を兼ね備えて対応する習慣も根付いているのです。例えば、大企業は変化に対応するための強力なリーダーシップを備えています。リーダーたちは市場の変化や競合他社の動向を的確に把握し、適切な戦略や方針を策定します。彼らは組織全体に革新を奨励する企業文化を育てることで、新たなアイデアやアプローチを常に取り入れているからこそイノベーションを起こし続けることができるのです。

また、大企業は組織としての仕組みがしっかりと確立しています。研究開発部門やイノベーションに取り組んでいくチームが設けられている場合がほとんどで、新しいアイデアや技術の開発に取り組む土壌がすでに確立されているといえます。また、組織内の意思決定プロセスも迅速に進むように整えられており、情報のフローも円滑に流れていくことを可能としています。

さらに、大企業は人材の育成と継続的な学習を重視しています。組織内での新たなアイデアやイノベーションを実現していくには、従業員の能力とモチベーションをそれぞれ高めていくことが不可欠です。大企業は、従業員のスキルや知識の向上を支援するための研修プログラムやキャリア開発の機会を提供しながら、組織全体の能力向上を図っています。

これらの要素が組織内で新陳代謝を促進しスムーズに稼働していくことで、企業の利益を増大させていきます。さらに、会議を開くばかりで意思決定ができなかったり、企業内の各部門が縦割りで意思疎通が難しくなったりする、いわゆる大企業病といえるような悪い状態に陥らないように、組織のリーダーシップ、柔軟性とイノベーションの促進、従業員の育成と学習を進めていくことは、組織が変化に対応し続け、競争力を維持するための重要な要素だといえるのです。

加盟店が儲かることを優先する

私自身もそうした取り組みを常に強く意識していて、スモールビジネスでとにかく長く継続する組織であるにはどうしたらいいかをいつも考えてきました。

出張中古車買取りビジネスのフランチャイズを始めたとき、ほかのフランチャイズシステムをいろいろと調べてみました。特に焦点を当てたのは、コンビニエンスストアのような大手ではなくスモールビジネスでのフランチャイズ店の展開についてです。私が調べた当時、こうしたフランチャイズ方式のチェーン展開は雨後のタケノコのごとく増えていましたし、今もまだまだ増えていると思います。つぶれるところも多く、つぶれては新しく生まれてくるという繰り返しのようにも見えるのです。

先日とある別のフランチャイズ本部が集まる会合に私も出席する機会があって、そこで私たちはもう10年になるのです、というような話をしたところ、もはや老舗ですねと言われて驚いたことがあります。

私はフランチャイズ事業展開をスタートしたとき、フランチャイズ本部だけが儲けるような仕組みはやめよう、あくまでも加盟店が儲かることで本部も潤っていく仕組みにしようと決意しました。私自身も中古車輸出のフランチャイズで加盟店オーナーとして経営していた経験が何年かありますし、そのとき実際に本部から加盟店がどのようなことをされると嫌であるかということと、逆に本部には何をしてほしいかについて常に考えながら実体験を重ねてきました。そこで自分のなかでフランチャイズビジネスにおける問題点を明確にしました。本部の利益と加盟店の利益、この相反する関係のなかでどう双方が同じ方向を向くことができるのかを考えたのです。

フランチャイジーとして実体験のなかで、これをしっかりと考えられたことは、現在フランチャイズ本部を運営していくうえで最大の力となっています。そこでフランチャイズ本部として必要な要素を取捨選択し絞り込んでいったのです。

スモールビジネスであればあるほどフランチャイズ本部と加盟店が密につながって、互いに幸せになろうという心意気でやっていかなくてはならないのです。スモールビジネスのオーナーはそれでなくともとにかく孤独なものです。強烈な孤独感とつらさはオーナーになった経験のある人にしか分かりません。

私たちが今も少人数で本部を運営しているのも、固定費をできる限り排除して価格競争力を保つという出張車買取りの考え方そのままを体現しているのです。フランチャイズ本部だけが儲けても発展はありません。世の中に価値を提供できないのであれば、もうビジネスとは呼べないのではないかという考えから私たちのフランチャイズシステムはスタートしています。

加盟店に応募してくる人たちには幅広いさまざまな年齢層の人がいて、加盟店オーナーになりたい人たちに共通するのは、私などがとてもうかがい知れない世界を生き抜いてきた、まったく触れることのなかったような分野の知識であったり、技術を身につけていたり、豊富な経験をもったりしているということです。自分たちとはまったく異なる人生を歩んでここまで生き抜いてきて、そこで自分たちのあずかり知らない経験をもっているという点では、私はすべての人を尊敬しています。

私たちがフランチャイズ本部として心掛けているのは、そのように人々をつなげていく、ハブの役割に徹しようということです。そして、加盟店オーナーたちに豊かに経営してもらえるよう常に工夫しています。私たちのフランチャイズが順調に業績を伸ばしているのを見てか、ここ数年同じようなフランチャイズ本部もいくつかできては消えていきます。これは自分が利益を上げることより、他人を儲けさせることのほうがはるかに難しいということを示しています。

他人を儲けさせることは難しい

実は私もそうしたことで苦労しました。自分一人が年収1000万円を達成できたとしても、年収400万円の会社員だった人を年収1000万円にまでもっていくのはかなり大変です。それなりの知恵と工夫と絶え間ないサポートはもちろん、私ひとりが頑張ったところでどうしようもないことがあります。やはり仲間の存在と仕組みが不可欠です。

他人を儲けさせるには、その人が儲けたときにともに自分自身も喜べるかどうかも大切です。私たちはなかなか中古車の買取りがうまくいかなかった人がいれば、総力を挙げて本部も加盟店もアドバイスやサポートをして改善できるように協力しバックアップしています。そうした結果、やっと商談をまとめることができるようになったり、さらには月に100万円以上の利益を獲得できるようになったりすると、自分のことのように喜びます。本部の会議ではどのオーナーがどれだけ儲かったかの報告がいちばん盛り上がります。「俺も加盟店やりたい」本部でそんな言葉が出るのも心から加盟店オーナーを応援しているからにほかなりません。

異業種の従業員から加盟して、まったくの未経験だった状態から初めて月に100万円の利益を達成することができるようになるのですから、本当にすごいことであって、そうした加盟店を次々と生み出していくことは最高に面白いことです。やりがいも感じます。逆に加盟店がつまずいていると、自分のことのようにつらいです。だからこそ、私たちは加盟店オーナーが活躍できるよう全力で向き合っているのです。

加盟店が儲かることがフランチャイズ事業の継続につながっていきますし、ひいては私たち自身の利益の向上につながるという思いもあります。しかし、それだけでないのは、やはり加盟店オーナーの成功、成長にうれしさを感じている自分がいるからだと思います。これは私が追求している新しいビジネスモデルに通じることでもあり、常に突き詰めて、よくよく考えていかねばならない点です。

他者の成功を喜び合うことができる社会こそ健全である

素直に他人の成功を喜べる人は今の世の中にもっと多くてもいいのではないかと私は思います。インターネットなどを見ていても失敗した人はつるし上げられたり、二度と立ち直れないほどの罵詈雑言を浴びせられたりしています。そして他人の成功には素直に喜びの言葉を述べる人もいる一方で、ねたんだり、ひがんだりするような言葉が投げつけられます。なぜひとごとなのにそんなにみんな怒っていて、いらいらして、世の中にはそんなに怒りん坊が多いのだろうかと私はいつも疑問を感じています。

他人がうまくいった話には不快感を覚え、失敗したといった話に接すると陰で大喜びするなどというのは気持ちは分かりますが、洗練された大人という感じではありません。私にはそれは心も財布も豊かでないためだろうと思えてなりません。誰でも仕事がうまくいけばうれしいし、周りの人にも一緒に喜んでもらいたい。他の人もそう感じていると想像してみれば、人の成功というのはやはり称賛されて、リスペクトがあってしかるべきなのです。その成功は必ず周囲の人の役に立っているに違いありませんし、そのことを第一に評価し、喜んであげるべきです。困っている人がいたら助けたくなるのと同じような感覚で、他人の成功事例も抵抗なく、素直に受け入れられるように常に広い心をもつことが大切であり、そうすることによって世の中はもっともっと楽しくなっていきます。そして本当の意味で豊かな社会に変わっていくはずだと私は信じています。

こんな時代だからこそ「他人の成功を称賛できる組織づくり」というのがこれからの時代をサバイブしていくための企業のキーワードかもしれません。

お金は目的ではなく手段に過ぎない

ビジネスが順調に進んでいって、経済的なゆとりが生まれると、さまざまな問題が解消されて、関わる人たちの心には平穏が訪れるものです。このような状況下では、新たな視点や考え方が生まれ、ビジネスを進めていくうえでもさまざまな可能性が広がってくるものです。私は多くの加盟店オーナーとの対話を重ねることを通じて、中古車の買取りビジネスという事業は、単に顧客を見つけてお金を稼ぐだけではなく、ユーザーと共感接点を作り出していくことで車をきっかけに人間として多くの成長機会を得られるということを確信していました。

特にこの中古車買取りビジネスにあたって、お金をどうとらえるかということについては、お金は手段に過ぎないととらえることが重要であると私は思います。中古車の買取りは、単に取引相手を見つけて商談をしていくだけではありません。顧客一人ひとりとの交流を深めることを通じて、自分自身を成長させることで結果、人生においての収益を上げることができるといえます。

顧客との交流をしていくなかで、私たちは新たな出会いを経験し、収入が増加していくのと同じくらい、自分自身の成長をも実感することができるのです。こうした一連の過程で、顧客の視点や意見に耳を傾けながら反映させていくことによって、顧客からの信頼を得ていけますし、互いにハッピーな関係を築くこともできるのです。

高収入とキャリア形成を実現

中古車買取りビジネスでは単に中古車という商品を買い取るだけではなく、顧客自身とさらにその人が愛着をもっていた車を見つめ直し、その人とのつながりや信頼関係を築くことが最も重要です。お金を目的ではなく手段としてとらえることで、ビジネスの喜びややりがいを感じることもできます。単なる利益追求ではなく、顧客のニーズを満たすことや、役に立つ情報やサービスを提供することによって、顧客に喜んでもらえて共感と感謝の言葉を受けることができます。そうしたことが、お金だけでは得られない、かけがえのない心の豊かさや充足感を人生にもたらしてくれるのです。

強調したいのは、お金は必要なツールであって、手段として活用しながら、顧客とのつながりや満足感を追求し続けることを通じて、より豊かなビジネスと人生を築くことができるのだということです。

実際に私が多くの加盟店オーナーと話したところ、中古車の買取りビジネスは決して顧客を探し出して単にお金を払うだけの商売ではなく、顧客一人ひとりとの交流を大事にすることによって、車をテーマに稼がせてもらっている実感をダイレクトに得ることができるとよく聞きます。人と人との新しい出会いのなかで収入が増加していくのに比例して、自らの成長も実感することができるのです。これこそが醍醐味であって、中古車買取りビジネスに一度ハマると抜け出せない魅力だと、私は自信をもって言えます。

経営者は自分を見つめ直す時間も必要

常々、私は何もしないことが経営者の仕事であると言っています。冗談でもなんでもなく心からそう思っているのです。要するに労働集約型からの発想の転換であって解放であるという意味です。

経営者は常にビジネスの成長や発展を促進するために多くの仕事や責任を負っているものです。時には自分自身を解放し、自分の頭でじっくりあれこれと考える時間を確保することが必要です。

継続的な仕事や日々の業務タスクに追われるなかで、特に中小企業の経営者は創造的なアイデアや新しい戦略を考え出すための時間を確保できていない場面が多くなっていると私は危機感をもっています。経営者にとって、何もしない時間は、新たな視点やアプローチを模索し、革新的なアイデアを生み出すための機会を獲得する貴重な時間になります。

特に経営者にとっては自らのビジネスの全体像を時々、折に触れて見つめ直すことは重要です。時には全体をより高い視点から俯瞰してみたり、戦略的な目標や長期的なビジョンを再評価してみたり、現状との整合性を確認してみたりすることで、より効果的な意思決定を進めることができるからです。また、経営者が自分自身の経営手法を常に振り返り、改善していくうえでも、何もしない時間は、自己反省に費やすことができる貴重な機会だと私は思うのです。

　実際に継続的な作業に迫られて時間に追われるような、あまりに多忙な状態になってしまうことは、経営者の判断力を削ぎかねないし、意思決定能力にも影響を与えると私は考えています。何もしない、心に余裕のある時間を設けることで、精神的なリフレッシュを図り、客観的な視点を保っていくことで、重要な意思決定をしないといけないときに、より良い判断を下すことができるようになるのだと私は確信しているのです。

　かつて私も広告制作をやっていた頃は寝る時間も惜しんで働いていたのを思い

出します。正直なところ、当時の私自身はその仕事が楽しかったから寝る間も惜しんで働いたのです。振り返ればある程度の利益は上げていたものの、稼ぎは二の次のようなところがありました。まさにつらいのに楽しいという、ある意味で仕事中毒、ワーカホリックな感じです。しかし、結局のところそれは労働集約型の働き方であり、労働時間以上には稼げないということになります。

一人で自由にやっていきたい人に最適なビジネス

私たちが今、展開している出張型の中古車買取りビジネスはどうかといえば、査定して代金だけ支払えればほぼ自動で売れる仕組みなので、自由な時間が圧倒的に増えます。時間のキャップが外れるということです。査定交渉にかかる時間はだいたい15分程度で済みます。あとは陸送、または自分で引き取りにいって安全に運転して駐車場に入れるだけでいいので、実質の労働時間でみればほんのわずかです。

私たちの加盟店オーナーは月に30台以上買取りをやる人もいれば5、6台という人もいます。それぞれ、上手に時間を調整して効率的に行動しています。出張買取りなので顧客である相手の都合に振り回されることなく、マイペースでスケジュールを調整できるわけです。

こうした点から出張買取りという仕事はまさに一人で自由にやっていくには最適なビジネスだと自信をもっていえます。家族とともに過ごすことができる時間はこれまでとは段違いに増えていきますし、労働時間に対する収入も圧倒的に増えているという声を加盟店オーナーたちから実際よく耳にします。

常に危機感に導かれて生き抜いてきた

特に心に余裕をもって、自由でいられるような時間を大切にしながら、時々人と会って話をする、そんなコミュニケーション活動によって、私は私なりに人とのネットワークを構築してきました。

経営者としての私の仕事は、まさにそうしたことであり、常に人と人とを結びつけて、そこから新しい何かを生み出していく、ハブとしての役目を果たすことが重要だといつも思っているのです。

そんな私なりにビジネス哲学はありますし、私のベースになっているのは、現状に関する危機感なのです。

私は20代の初めに父親を亡くし、その後に母親も亡くして、親族がほとんどいなくなってしまい、いわば天涯孤独となったことでとてつもない恐怖を覚えました。これからは完全に一人でやっていかなければならないことだけでなく、つい前日まで当たり前だったものが今日はがらりと変化してしまったことが本当に恐ろしかったのです。

ちょうど制作会社を設立してこれからというときだったので、逆にいうと腹が据わったのもそのときでした。もはや頼るものは何もなく、戻るところもありません。世の中の自分を取り巻く状況など、あっという間に変わります。

それからリーマンショック、東日本大震災などで世の中の変化を目の当たりにしました。もう過去の実績にしがみついている場合ではなく、自分自身も時代よりも先に変わらなくてはいけないという思いが強くなりました。

そんな思いから制作会社を縮小して中古車輸出業に参入しましたが、こんな決断ができたのも圧倒的な危機感をもっていたからだったと思います。当時、周囲を見渡しても、みんなが私と同じような危機感をもっているのか、そうでないのか、よく分かりませんでした。私のような行動を起こす人は誰もいなかったからです。

現代の世の中は急激に変化しています。かつては花形の商売であったものが今ではまったく見る影もなくなってしまったり、例えばユーチューバーのように20年前には影も形もなかった仕事が今は人気を集めたり、そうかと思えばユーチューバーでは食えなくなったり、突然ＡＩが世の中を席巻したりと、とにかく現在に安住していては取り残されかねません。その意味では、中古車の買取りビジネスが急に陳腐化しても、おかしくはないのです。私はそういった面でも危機感はもっています。

そんな危機感を原動力としている限り、常に動き続けることができます。危機感をもっていることで、その危機感が私の行動の後押しをしてくれるのです。

私たちのフランチャイズも今は基本的に車買取りの事業を行っていますが、果たして将来のことは分かりません。しかしながら現在も加盟店を増やし続けているわけは、現在はこのビジネスが案外時代にマッチしていて世の中に価値提供できているからであり、ある種のインフラとしていかなる業態になっても機能できるという点に尽きます。全国に１００店以上のそれぞれの顧客をもつ地域に根付いたオーナー集団です。商材が変わっても、店舗も設備ももたない身軽な加盟店ネットワークはすぐに業態変換も可能です。それぞれの地元に精通していてそれぞれの地元に顧客をもち、彼らが緩やかにつながった全国のネットワークに価値があるのです。私たちは時代の変化には、すでに対応済みなのです。

雇用流動性はどんどん加速していく

　私たちのフランチャイズの加盟店オーナーにも、車や乗り物が好きで、自分の趣味に興じるために中古車買取りビジネスをするようになった人たちもいます。その一人はバイクや家族と旅行へでかけるのも好きだそうで、とにかく時間をつくってはいろいろなところへ向かっています。

　こうした趣味に時間を費やすことなどは会社員だった頃には体験できなかったとその人たちは言います。自由な生き方を求めて、会社員としてがんじがらめの世界から脱出しようと試みる人はこれからも増えていくに違いないと私には思えます。もちろん私たちの会社には加盟希望者が殺到していますし、ほかのフランチャイズを見ていても同じように応募者が増加しているように感じています。

既存の企業も、大きいだけでは人材が集まりませんので、今後は給与体系だけでなく業務形態も改革していく必要が出てくると思います。

ＡＩが台頭してきた今、まさにこれから企業の業務形態がどれだけ変わっていくのかについては注目していきたいところです。

今が健全な世の中であれば、雇用流動性がこれからどんどん加速することによって給与水準は今よりも上がっていくはずだと私は見ています。

働き方はオーナー自身の自由裁量

私たちの出張型中古車買取りフランチャイズ事業では加盟店オーナーの働き方についてはすべてオーナー個人の自由裁量に任せています。ですから、実際に中古車買取りをしながら、別に副業をもっている人もいますし、逆に買取りを副業としている人もいます。本当にそれぞれの個人的な事情に合わせて、自由に働くことができます。

これで副業と兼ね合わせている人の売上が少ないかというと、そんなことはありません。

中古車の買取りは、売り手さえ見つけておけば査定から支払まで15分程度で済んでしまう仕事でもあります。ほかの仕事で動いている合間に済ませてしまうことも可能になってきます。それならば十分に自分の時間を保ちながら自分のペースで稼ぐことはできます。

労働時間と利益が直結しない新しい働き方

２０２０年の初めから世界的に新型コロナウイルスの感染が拡大し影響が長引いて、リモート勤務が普及しました。一時は見事なまでにあらゆる業務がインターネットを通したリモートに置き換わり、それによって便利になったことも多々ありました。もちろん、逆に話がうまく通じないなどのデメリットもありましたが、プラスとマイナスがあるのは新しいものが導入されると必ず起きる現象です。

世の中にはいつまでも労働時間に縛られてしまう、まだまだ労働集約的な仕事がたくさんあります。労働時間を多く費やさなくてはそれなりの収益は見込めないような仕事です。こうした仕事は人件費の割合が大きくなるのですが、これまでの農業や製造業などの大半がそうだったように、人件費を削られてしまうと仕事そのものが成り立たなくなるのです。

例えば、介護や看護、最近では学校の先生などの仕事などもそうだといえると思います。介護の世界では人手不足はいつまでたっても解消しませんし、一方で介護スキルの質の問題も問われています。こればかりは抜本的に給料を二倍三倍にしないと解決しない問題だと思います。ではなぜそうしないのかというと、本当に価値ある仕事に対する報酬が低過ぎるからです。

高齢者介護の問題は団塊の世代が一斉に70代後半となるとさらに深刻化するのは確実だといわれています。在宅で老親の面倒を見るには一定の収入が見込める仕事と自由になる時間が必要となります。その両方がたやすく手に入るとなれば、やはり私たちのビジネスのような働き方は今後ますます注目されてくるはずです。

つまり、私たちの出張型中古車買取りビジネスは、政府などが推し進める働き方改革とはまた異なった意味で民間から起きてきた、新たな働き方のモデルでもあるのだといえます。

副業と買取りとの合わせ技を駆使しているオーナーがまさにその好例です。働いている時間とオーナーの利益とはまったくリンクしていないのです。もしかすると、中古車買取りの仕事はオーナー全体における労働時間の10分の1以下、いや、もっと少ない可能性すらあります。一方で利益のほうは、収入の7割程度を占めるケースもあります。こうしたアンバランスさが私たちの展開している買取りビジネスの面白さでもあります。

Titleist

第6章

DON'T BE GREEDY

欲を捨てた経営をすれば
関わる人みんなを幸せにできる

目指したのは働く人一人ひとりの利益

もはや雇用こそが会社経営のなかで最大のリスクである――、最近経営者同士で話をするとこんな声をよく耳にします。会社の成長のために雇用し、育成し、従業員とともに経営者自身も成長する、かつて当たり前に、そして今も当然のように行われていることではありますが、果たしてそれが世の中を良くしているのか、従業員は本当に幸せなのか、私には疑問が残ります。上がらない給料、重い税金、社会保険料、年金の負担、さらに物価高騰など増えるのは負担ばかりの世の中です。さらに会社の責任まで押し付けられては本当にやってられないという気持ちになってしまいます。

結局のところ給料を上げようとしたら、経営者に対して従業員一人ひとりが給料が上がらない現状に対してNOと声を上げるしかないはずです。しかし、日本の戦後教育の成果か、私たち団塊ジュニア世代がさらに上の年代の高齢者層にまんまとしてやられているのかどうかは分かりませんが、日本の多くのサラリーマンはあまりにも辛抱強く我慢しています。

会社経営の場合、日本で従業員をひとたび雇用したらよほどの事情がないと解雇できません。それも給料を上げられない要因の一つとなっています。では誰がリスクを負担しているかというと従業員なのです。従業員が自分の能力に対して給料が安過ぎる場合、より待遇の良いほかの会社へ転職します。そのため、会社はほかの会社に転職されないためには給料を上げ、給料を上げるためには商品の価格を上げ、商品の価格を負担するのは消費者なので給料は上がり続けるはずだと考える人も多いと思います。しかし、世界のなかで日本だけはそうではありません。それは海外との物価の違いを見れば明らかです。

だからこそ私は給料も物価も上げられないこの日本で、たいした能力もない経営者一人が少しでもビジネスで貢献しようとする際、従業員を増やして会社を成長させるという方法は取りませんでした。なぜなら従業員をコストとして考え、なるべく安い賃金で雇用し、会社の利益を増やしていくことに私は違和感を覚えるからです。

安い給料は従業員に対して失礼ですが、日本の仕組みでは給料を簡単に上げられませんし、手取りを増やしてあげることもできません。そこで私が考えたのは画期的な商品の開発やイノベーティブな事業の創造でもなく、働き方を変えてみてはどうだろうということだったのです。

なぜこれだけ多く競合がひしめく中古車買取り業界で、まったく業界未経験者の私が参入して全国で１００店規模にまで成長させることができたかというと、目指したのは会社の利益ではなく働く人一人ひとりの利益だったからです。これはまさに新しい働き方の提案であり世の中に対する価値提案だと考えています。

実際に私のビジネスモデルに共感してくれる仲間をフランチャイズとして募集したところ、今では１００人にも及ぶオーナーが事業に関わるようになりました。彼らもまた経営者として顧客や取引先と良好な関係を築き上げ、所得と自分の時間を大幅に増やし、従業員時代には考えられなかった自分にふさわしい理想の働き方を実現しています。転職で給料を50万円から１００万円にするのはほぼ不可能ですが、フランチャイズオーナーとして独立し、月の手取りで１００万円を実現することはそう難しいことではありません。事実、それを私たちの多くの仲間たちが実現しています。そして何より自分の時間を従業員時代よりもはるかに多く獲得しています。

例えば従業員を１００人雇用し、従業員をコストとして考えながらも、会社にしっかりと利益を残して株主に還元していく経営者は当然世の中から評価されます。一方で、100人の事業主を加盟店としてパートナーシップを結び、彼ら加盟店オーナーを成長のエンジンと考え、加盟店オーナー一人ひとりの個人に利益を残させるという発想で世の中に貢献していくという、ちょっと変な経営者が一人くらいいてもいいと私は考えています。

暇な時間を大切にしていくこと

今の日本は、行動する際には常に周りの目を意識して、周りと同じように動くことが善とされているように私には映っています。こうしたことすべてが仕事の本質的な意味合いに関係していると思うのです。

仕事のスケジュールを組んでいて、人と会う約束がキャンセルされて、ある時間がぽっかりと空いてしまうことがあります。このようなときに、よくあるのは慌てて別の用事を詰め込んだりしてしまいがちなことです。特に会う必要のない人とアポイントを入れたり、提出の締め切りがはるか先の書類を作成してみたり、普段やらないような雑務を組み込んだり、いろいろと仕事を探し出してはその穴を埋めようとしがちであるように思います。

私ならば、こんなときはスケジュールが空いていても何も作業も予定も入れずにおいて、ぽっかり空いたままにしておくのです。こうした時間を過ごすことは私にとってむしろ仕事をしているよりも充実している気がしています。

休みたくなって休める余裕があるのなら、平日だろうが昼日中だろうが堂々と休めばいいのです。もしも暇ができたのなら、その時間に好きなことをやればいいのです。誰に気兼ねすることもありません。昼寝でもサーフィンでもツーリングでもなんでもしていいのです。私は、会社で怒られたとしても、長い人生でたいした問題ではないと思います。

暇な時間を作り出し、暇な時間に自分で考えて行動できれば可能性はより広がります。スケジュールに予定が詰まっていると本当に大切なアポイントを入れようとしても入れることができません。また、将来に関わるような大事な予定は直前に入ることが多いです。つまり、スケジュールを詰め込むことは自ら可能性を狭めているということなのです。実際のところ、例えば会いたい会社の社長がいたとして、その社長から急な誘いがあったときに別のアポイントを詰め込んでいたせいで断ってしまうはめになってしまったのなら、もう二度と同じ誘いが来るチャンスはないと思います。

暇な時間は働く時間を別の角度から照らしてくれるものです。いわば、暇リテラシーというべきものを鍛えていくことは、働くことの意味を問い直しながら、未来に向けての可能性の扉を開いていくスキルにほかならないと私は思うのです。実際に行動するのは自分自身なのですから、そのことについてほかのみんながどうとらえていようが心配はいりません。

他人の意見に流されずに、自身の考えに従って行動していく

若い頃というのはあまり将来について深く考えたりできないものです。自分の未来には無尽蔵の時間があるから、いずれ頑張っていけばいい、今はここで我慢しておこう、などといった考え方にどうしてもなってしまいがちです。

ただ、私は逆に20代の頃からこうした考え方ができませんでした。将来にたくさんの時間があって、好きなことができるようになるだろう、などということは幻想でしかないと思っていたのです。

私の場合はかつて5年後、10年後の自分の像はぼんやりしたものではありましたが、そこから逆算して今何をすればいいのかを自分なりに決めていきました。それはまだ20代の自分なりの危機意識だったのだと思います。危機意識というのは、こうした仕事の中身や収入のあり方というのが他人のつくり上げた価値観で

しかないと気づいて、他人の価値観に従うことにも耐えられなかったのです。

では、自分なりの価値観が確立されているかというと、実はそうでもありませんでした。まだ20代になったばかりで、社会に出て2、3年なのですから。そう簡単に自己の価値観など形成できるはずもありません。それからの私は自分なりの価値観をつくり上げようと努めました。しかし、これにはある程度の訓練が必要です。他人の目や評価を気にしていては前に進めませんし、そんなことを気にしていてはいけません。わが道を一人で歩んでいく覚悟がいるのです。


人々の意見に流されずに、自身の考えに従って行動していくことによって、行動の結果として失敗したら、それはもちろん自分の責任です。決して他人のせいではありません。何もしないで動かずにいることこそが、人生においてのリスクを増大させていく行為そのものなのです。

これで本当にいいのか、自分はこんなふうになりたかったのか、と常に現状について疑いながら、もし違うと思うのならすぐに行動すべきです。考えることはその後でいいのです。動きながら考える、その訓練をしていくことも必要です。考えが先に立つと足が止まってしまいます。まずはとにかく歩き出していくことが大切です。歩きながら考えればいいのです。そうやっていけば、やがては走りながら考えられるようになります。

締め切りを明確に決める

私は50代を前にして脳梗塞で倒れたことがあります。倒れたときは、特に体調不良もなく健全な肉体だと思っていましたので家族も私自身も驚きました。その後、後遺症もなく日常生活に戻ることができたものの、このときの体験は私自身が今というこの瞬間を大切に生きることを強く考えさせられるきっかけにもなりました。

誰だって自分が明日はどうなるかなんて分からないものです。来年になったら始めるとか、子どもが大きくなったらスタートしようとか、定年後にやるつもりだとか、そんな未来予想はいっさいやめたほうがいいと私は思うのです。思い描いたような明日はほぼ来ないのです。来るのはまったく予期しない形の明日です。

私自身でいえば、例えばサーフィンやゴルフなど肉体を使って行動することだけを考えると、自分のイメージするパフォーマンスを発揮できるのはせいぜいあと5年ぐらいが限度ではないかという気もしています。

そうなると自分自身の締め切りが明確になっていきます。5年後に今のパフォーマンスはいくら払っても絶対に買い戻せないのですから、5年間で何をやるかといった優先順位も決まってきます。

5年後の自分はどうなっているのだろうと案じて、仕事も切られてしまうかもしれないし、業界も消えてしまうかもしれないと考えると、心配は募ってしまいがちなものです。家族はどうだろうと不安が広がるかもしれません。そこには不確実で予測できない未来があります。

しかし、不思議なことに困難にぶつかって、苦しいなかでも自分は今生きていると実感することができれば、危機意識が強くなってどうにかしようと自らもがき始めます。だからこそ見切りをつけるときにはさっさと見切りをつけ、新たなことを始めたほうがいいと私は考えています。

過去に固執すること、思い悩むことは時間の浪費でしかないのです。1分でも1秒でも早く新しいことを始めることが肝心であって、とにかく変化しながら生き抜くことでより残りの人生を充実させることができるのです。

仕事をライフスタイルの一部にする

以前は、私たちのフランチャイズの加盟店に応募してくる人全員に対して私が面談をしていました。

面談のときに尋ねていたのは、これまで生きてきた環境や経験などについてです。そして何よりも重要視していたのはどういうことがしたいのか、どんな自分になりたいかということです。

また、どこまで自分で決断できるかも問い掛けていきます。なかにはあらゆることをフランチャイズ本部がやってくれるはずだと思っている人もいました。

とにかく仕事を成功させたいのなら、自らの足（労力）を使うか頭（知恵）を使うかお金（資金）を使わなくてはなりません。そのいずれも使うことを渋る人たちにとって成功は絶対にないのです。

もちろん、仕事なので儲けがなくては続かないのが現実です。それまでの勤めに比べて年収も上がっていくことができれば仕事が楽しくなりますし、より熱心に取り組んでいくこともできます。売り手の顧客を探すのにいろいろと研究するようにもなります。それだけではなく、私が考えている自由な働き方、つまり生き方を変えていくということの大切さを理解して、自由裁量でそれぞれ独自の時間の使い方をしてくれる人たちが増えてきました。そうした人たちは、もうすでに他人の目は気にしていないのです。これこそが私が望んできたことです。

まさに今、そうした形で自らの意思で行動できる人が加盟店オーナーとして続々と集まってきてくれています。仕事をライフスタイルの一部として楽しんでいる私たちの加盟店オーナーたちを見ればそういった人が集まって来るのも必然です。類は友を呼ぶといいますが、まさにそういうことなのです。

すべての経験が自分にとっての資産になる

私にとっての資産は多くの経験です。それしかないとさえ私は思っています。ここで繰り返して強調したいのは行動しなくては何も始まらないのだということです。考えるより先に行動してもいいのです。

自ら動くということは一つところにとどまらないことでもあります。とどまることは停滞であってよどみを生んでいくのです。よどんでしまうと水であれば濁ってきますし腐ってもきます。会社で上司の悪口を言い合ってうさを晴らすことなどは、そうした例です。そんなことをしていても何も生まれませんし、むしろ自分自身をもっと腐らせてしまいます。

私は20代で自分がなにものでもないと理解した段階で、このような場面に直面しても、よどみにはいっさい加わらないように努めてきました。つまりはリスペクトできる人たち以外とは距離をおくようになったのです。リスペクトできない人との付き合いというのは、すべて自分にとっての停滞だと思ったほうがいいのです。

正直なところ私自身は、蓄財や投資といった金儲け全般に対してあまり関心がありません。基本的に所有するということは、結果的に停滞を生んでしまうと思っているからです。お金は貯め込むよりも、今必要なことに使ったほうが必ず生きてくると信じています。お金は水のように常に流れてこそ輝き続けるものだからです。

もちろん事業を設立して本格的に動かしていくため、あるいは運転資金として資金を貯めなくてはならないので、今現在はお金を貯めているということはあり得ると思います。そうしたことを否定するつもりはありませんが、ある時期までに貯まらないのならさっさと借りたほうが早いです。

停滞せずに行動し続けることで、周囲は変わってきます。お金も貯め込まずに使い続けることで状況が変わっていくのです。そして他人も動き始めるようになっていきます。どう動いていくかは分かりませんが、それでも自分が置かれている世界が変わるのですから、必然的に未来が圧倒的に変わってきます。

また、動くことでより望ましくない方向へと進むこともあります。そのときはできるだけ早くに方向転換すべきです。あるいは、もうその道は諦めて別の道へと乗り換えたほうがいいです。ただ、そのときの判断ミスもまた経験として活かしていけばいいのです。無駄な経験というものはありません。すべての経験が自分にとっての資産になると信じることが大切なのです。

明日のことはまったく予測できない人生のなかで、今日得ることができる楽しさや豊かさは先延ばしする必要はなく、嫌なことはなるべく後回しにして、好きなことから優先順位をつけてやっていくことが大事です。好きなものから食べ、嫌いなものは食べないというのでいいのです。我慢して食べるくらいなら好きなものをもう一つ食べればいいのです。嫌いなものを無理に食べていいことなんて一つもありません。仕事も一緒です。健康のため、将来のため、そんなの嘘っぱちです。誰かが決めたことです。自分の価値観に身を委ねるべきです。

しょせん、人は好き嫌いで生きているのですから、やりたいことからやる、やりたくないことはやらないでよいのです。それも残りわずかとなった人生を豊かにしなやかに生きていくためのちょっとしたコツだと私は思います。

給料の楽しい上げ方

経験というのはお金に換算できません。これは家族や友人知人もそうです。そして、お金に換算できないものほど人生にとって重要なものだといえます。

私自身、これまで何度か資金難に陥ったことがありますが、なんとか楽しくやれたのはお金をたかが数字ととらえていたことです。事業の立ち上げをゲームと考えれば、１０００万円は１ゲーム分の投資です。３０００万円程度借金して事業を次々に立ち上げてきた時期に、私が思っていたのは１０００万円をワンコインと考えれば３ゲームできるということでした。

そんな発想も、これまでに対峙してきたさまざまなつらい状況を乗り越えるべく、自分ながらに危機の安全装置が働くことであらゆる事象を前向きに楽観視できるというすべを身につけた結果だと思います。

あるいは自分ひとりではなく、誰かに資金を出してもらって、何人もの従業員を雇っていたとしても、やはりそのように開き直って前に踏み出したほうが状況は良くなるに違いありません。倒れるなら、前のめりに倒れることが大事です。

これまでの企業というのは従業員の数を誇ってきて、どれだけの人間を雇っているかで企業としての質を問われてきました。

しかし、そこでは従業員に払っている給料の額や生活の質についてはまったく問われません。それはコストだと考えられてきたからだと思います。今になって報酬を上げようと政府も旗を振り始めてはいますが、それを可能にするのは、政府でも企業でもなく従業員の行動のみなのです。

給料が安ければまずは会社と交渉することが肝心です。おそらく中小企業であれば、給料を上げなければ転職すると社長に主張すれば、きっと上げてくれるはずです。なぜならその会社で得た経験とノウハウをもっているのは従業員であるあなた自身だからです。別の人材にいくら払ってもあなたの代わりは務まりません。正直私なら直談判をされたらそっと給料を上げることになりそうです。しかし、それでもダメなら、あるいは独立するといいと思います。従業員が積極的にそういった行動を取ることで従業員の給料は上がっていくのです。

諸外国を見ればそれは明らかです。日本固有の同調文化ともいえる口答えをしないで素直に、はいと言いましょうという教育が、まさに今の日本を停滞させているのは明らかです。

もう人の目を気にせず、自分たちで働き方を決めて、働く側が自分から行動してもいいはずです。そこで選択された働き方はきっと自由でありながら、実はいちばん合理的なことであるはずなのです。

もし、独立して自分の力で豊かに生きていきたいというのであれば、私のような働き方を目指すとよいと思います。特に出張中古車買取りビジネスであればこれまで自分が身につけた豊富な実績と経験から、最良の提案が必ずできると考えています。

おわりに

柄にもなく「欲張らない経営」というテーマで経営論的につらつらとつづってみました。これまでいくつか会社を立ち上げてきましたが、改めて過去を振り返ってみると、儲けようとして儲かったケースは少なかったということに今さらながら気がつきました。それで今までなんとかやってこられているのだから、それはたまたま運がよかったとしか思えません。実感しているのは打席に立ち続けてバットを振っていればいつか当たるということです。

明日のことは誰にも分かりません。ただ、せっかくやるなら誰かをハッピーにさせたいとか、喜んでもらいたいとか、そういった気持ちさえ忘れなければ、明日予期せぬ出来事が起ころうとも、きっと笑って乗り越えることができます。その連続がまさしく経営であり、世の中に価値を提供し続けていくことが経営者の使命ではないかと思います。

今、企業で働く人材というものは大きく分化しつつあります。能力が高く、大企業の中枢で働き、例えば高額の報酬を得られるエリートアッパー層とそれ以外を担う従業員層です。人口が減り続けるなかで、これまでサービス業の多くをアルバイトという形で担っていた若者たちが姿を消し、それ以外を担う従業員層が社会を支えていくのです。

今後はその中間を埋める形のヒューマンリソースとして、個々の能力を活かして、それぞれが独立自営という形で働く人が増えてくるのは明らかです。私たちが運営しているフランチャイズの加盟店オーナーたちもそこに当てはまります。まさに第三極を形成して、新たな人的価値を生み出す可能性があると確信しています。

実際のところ、サラリーマン時代の2倍以上の報酬を手に入れながら、精神的にも肉体的にも余裕のある仕事をこなしていく、そんな働き方を実践できている加盟店オーナーを見ると、私たちが事業を展開しているフランチャイズ加盟店オーナーという働き方の提案は、今の世の中に思いのほかマッチしていると思います。もちろんこれは一つの例でしかありませんが、こうした働き方が一般的に認められていけば、世の中はもう少し明るい未来が描けるような気がします。

目指すのは、みんなが金儲けに夢中になっているのを尻目に、例えば好きなときに海や山へと繰り出せるような、自分の価値観に沿ったライフスタイルの実現です。あなたの人生を豊かにしていけるのは、あなた自身の行動だけです。考え方と行動を変えれば、明日実現できるかもしれないのです。

つい先日も、私たちのフランチャイズの加盟店オーナーたちの懇親会に参加してきましたが、彼らは皆たくましく成長していて、表情や立ち居振る舞いに自信が満ち溢れ、加盟前とはまったく別人のようになっていることに驚きました。３年程度経験を積んだオーナーに実際のところ生活の質はどう変化したかと聞いてみたところ、「最初はゼロからのスタートで顧客を獲得するのにずいぶん悩んだ時期もあったけれど、とにかく人に会う機会を増やしていくに連れてリピーターも増えて売上が読めるようになってきたんです。営業というといかにも仕事という感じですが、車の買取りの場合は、友達づくりみたいな作業なので、ストレスもありません。いろいろな人に会って、好きな車の話で盛り上がって、気がつけば成約させていただいて、なんだか楽しくて申し訳なく思います。当然収入も桁違いに増えたので、サラリーマン時代に比べて日々の生活はめちゃめちゃ充実していますよ」と語ってくれました。

　それでも今悩みはないのかと聞いてみると、「個人事業主としてやっていますが年商が２億円を超えてきたので、税理士さんから法人にしなさいと言われて、そろそろそっちも進めないといけないのでいろいろやることが増えて困っています」と笑顔を見せてくれました。つい数年前までは彼は年収５００万円に満たないサラリーマンだったのですが、子どもが３人いるのでまだまだ頑張らなきゃいけないと意気込んでいました。

私たちの加盟店オーナーは40代から50代の子育て世代が多いです。先日、福岡で行ったゴルフコンペで偶然組み合わせで一緒になった3人の加盟店オーナーと話していると、なんと全員3人も子どもがいました。実は私自身も3人の子どもがいるのですが、日本の平均出生率からするとまさに異常値です。

少子化なんて本当だろうかと疑問をもちたくなります。よく安心して子どもを育てられる社会といわれますが、それはまさに、安心して働ける社会ということにほかなりません。目先の現金給付が、少子化対策の抜本的解決にならないのと同じように、目先の利益獲得を優先する行為が、豊かな暮らしに直接的に結びつかないことも明らかです。

中長期的に、将来にわたって信頼を積み重ねながら世の中に価値を提供していくことで胸を張って大きな報酬を得ることができるのです。そうすることで、地域に自分の居場所をつくり、世の中に必要とされることで、自分自身も豊かになっていくのです。それが安心して働けるということだと私は思います。気がつけば少子化対策にも貢献していた私たちフランチャイズが提案する新しい働き方は、もしかすると公園に大勢の子どもたちの笑顔が戻ってくる社会を実現させるかもしれません。

残り少なくなってきた私の寿命と引き換えに、手間と暇をかけてこんな本を書いてしまうのも、こんな私でも少しは世の中の役に立ちたいというささやかな気持ちの表現です。身体も脳もパフォーマンスを発揮できるのはあとわずかです。できること、やりたいことからやり遂げて、やりたくないことはできるだけ後回しにして、残りわずかな人生を豊かにしていきます。「あのときやっておけばよかった」のあのときは、将来からすると、きっと今です。

株式会社ハッピーカーズ
代表取締役　新佛千治

新佛千治（しんぶつ ちはる）

株式会社ハッピーカーズ代表取締役。営業職としてメーカーに入社。落ちこぼれ営業マンから全国トップクラスの営業マンに成長するも、自分の可能性をもっと広げてみたいと退社。サーフィンで大波に乗ることを目指してハワイへ。帰国後、新たにデザインの勉強を始め、広告業界に飛び込むことを決意。まったくの未経験からマドラ出版月刊広告批評編集部にデザイナーとして入社。のちにリクルート、リクルートメディアコミュニケーションズで大手企業の新卒採用の企業ブランディングに携わる。2005年にはクリエイティブディレクターとして港区青山に広告制作会社を設立。その後、リーマンショック、東日本大震災など世の中の環境変化に伴い、フランチャイジーとしてまったくの異業種である中古車輸出業へ業態変更。インターネットでの中古車輸出に見切りをつけ、アフリカ、タンザニアの港町ダルエスサラームに現地法人を設立するもあえなく撤退。再びゼロから一人で中古車買取り事業をマンションの一室で創業。その翌年2015年には株式会社ハッピーカーズを設立しフランチャイズ展開。８期目となる現在では全国に100以上の加盟店を展開する企業へと成長する。

本書についての
ご意見・ご感想はコチラ

DON’T BE GREEDY
欲張らない経営
レッドオーシャンの車買取り業で成長し続ける一人社長の経営論

2023年7月31日　第1刷発行

著　者　　新佛千治
発行人　　久保田貴幸

発行元　　株式会社 幻冬舎メディアコンサルティング
〒151-0051　東京都渋谷区千駄ヶ谷4-9-7
電話　03-5411-6440（編集）

発売元　　株式会社 幻冬舎
〒151-0051　東京都渋谷区千駄ヶ谷4-9-7
電話　03-5411-6222（営業）

印刷・製本　中央精版印刷株式会社
装　丁　　秋庭祐貴

検印廃止

Printed in Japan
ISBN 978-4-344-94492-3 C0034
幻冬舎メディアコンサルティングＨＰ
https://www.gentosha-mc.com/